承载生命的航船

地球环境

DIQIU HUANJING

鲍新华　张　戈　李方正◎编写

吉林出版集团股份有限公司
全国百佳图书出版单位

图书在版编目（CIP）数据

承载生命的航船——地球环境 / 鲍新华，张戈，李方正
编写. -- 长春 : 吉林出版集团股份有限公司，2013.6（2023.5重印）
（美好未来丛书）
ISBN 978-7-5463-2072-4

Ⅰ. ①承… Ⅱ. ①鲍… ②张… ③李… Ⅲ. ①全球环境－环境
保护－青年读物②全球环境－环境保护－少年读物 Ⅳ. ①X21-49

中国版本图书馆CIP数据核字(2013)第123441号

承载生命的航船——地球环境

CHENGZAI SHENGMING DE HANGCHUAN DIQIU HUANJING

编　　写　鲍新华　张　戈　李方正
责任编辑　息　望
封面设计　隋　超
开　　本　710mm × 1000mm　　1/16
字　　数　105千
印　　张　8
版　　次　2013年 8月 第1版
印　　次　2023年 5月 第5次印刷

出　　版　吉林出版集团股份有限公司
发　　行　吉林出版集团股份有限公司
地　　址　长春市福祉大路5788号
　　　　　邮编：130000
电　　话　0431-81629968
　　　　　0431-88029836
邮　　箱　11915286@qq.com
印　　刷　三河市金兆印刷装订有限公司

书　　号　ISBN 978-7-5463-2072-4
定　　价　39.80元

前　言

环境是指围绕着某一事物（通常称其为主体）并对该事物产生某些影响的所有外界事物（通常称其为客体）。它既包括空气、土地、水、动物、植物等物质因素，也包括观念、行为准则、制度等非物质因素；既包括自然因素，也包括社会因素；既包括生命体形式，也包括非生命体形式。

地球环境便是包括人类生活和生物栖息繁衍的所有区域，它不仅为地球上的生命提供发展所需的资源与空间，还承受着人类肆意的改造与冲击。

环境中的各种自然资源（如矿产、森林、淡水等）不仅构成了赏心悦目的自然风景，而且是人类赖以生存、不可缺少的重要部分。空气、水、土壤并称为地球环境的三大生命要素，它们既是自然资源的基本组成，也是生命得以延续的基础。然而，随着科学技术及工业的飞速发展，人类向周围环境索取得越来越多，对环境产生的影响也越来越严重。人类对各种资源的大量掠夺和各种污染物的任意排放，无疑都对环境产生了众多不可逆的伤害。

人类活动对整个环境的影响是综合性的，而环境系统也从各个方面反作用于人类，其效应也是综合性的。正如恩格斯所说："我们不要过分陶醉于我们对自然界的胜利。对于每一次这样的胜利，自然界都报复了我们。"于是，各种环境问题相继产生。全球变暖导致的海平面上升，直接威胁着沿海的国家和地区；臭氧层的空洞，使皮肤病等疾病的发病率大大提高；对石油无节制的需求，在使环境质量受到严重考验的同时，不禁令我们担心子孙后辈是否还有能源可用；过度的捕鱼已超过了海洋的天然补给能力，很多鱼类的数量正在锐减，甚至到了灭绝的边缘，而其他动植物也正面临着同样的命运；越来越多的核废料在处理上遇到困难，由于其本身就具有可能泄漏的危险，所以无论将其运到哪里，都不可避免地给环境造成污染。厄尔尼诺现象的出现、土地荒漠化和盐渍化、大片森林绿地的消失、大量物种的灭绝等现象无一不警示人们，地球环境已经处于一种亚健康的状态。

放眼世界，自20世纪六七十年代以来，环境保护这个重大的社会问题已引起国际社会的广泛关注。1972年6月，来自113个国家的政府代表和民间人士，参加了联合国在斯德哥尔摩召开的人类环境会议，对世界环境及全球环境的保护策略等问题进行了研讨。同年10月，第27届联合国大会通过决议，将6月5日定为“世界环境日”。就中国而言，环境问题是中国人民21世纪面临的最严峻的挑战之一，保护环境势在必行。

本套书籍从大气环境、水环境、海洋环境、地球环境、地质环境、生态环境、生物环境、聚落环境及宇宙环境等方面，在分别介绍各环境的组成、特性以及特殊现象的同时，阐述其存在的环境问题，并针对个别问题提出解决策略与方案，意在揭示人与环境之间的密切关系，人与环境之间互动的连锁反应，警醒人类重视环境问题，呼吁人们保护我们赖以生存的环境，共创美好未来。

目录

MU LU

01 地球环境

地球环境又称全球环境，它包括人类生活和生物栖息繁衍的所有区域。它不仅为地球上的生命提供发展所需的资源与空间，还承受着人类肆意的改造而带来的冲击。

神奇的地球孕育了奇特的地球环境，各种地质活动造就了高低起伏的山岭和蜿蜒曲折的河流，各种生物进化形成了千姿百态的植物和形态各异的动物。并称为地球环境三大生命要素的空气、水和土壤，是环境中各种自然资源（如矿产、森林、淡水等）的基本组成和生命得以延续的基础。

▲ 人类赖以生存的地球环境

空气的主要成分是氮气和氧气，还有少量的二氧化碳、稀有气体、水蒸气及尘埃。动物的呼吸、植物的光合作用、各种天气的形成以及保持地球温度、过滤有害射线都离不开它。

从宇宙空间看，地球是一个蔚蓝色的星球，这是由于其71%的表面都被水所覆盖。其实，地球上97.5%的水是咸水，只有2.5%的淡水可供生物饮用。而在淡水中，也只有不足1%的水是易于开采可供人类直接使用的，如江河、湖泊、水库等中的水。

岩石圈表面的疏松表层，被称为土壤，其中含有多种多样的生物，如细菌、藻类、原生动物以及各种小动物。它不仅为植物提供生长必需的营养和水分，还是陆地动物赖以生存的场所。

①地质活动

地球的性质与特征称为地质，主要是表示地球的物质组成、结构构造、发育历史等特性，包括岩层的特性与状态、矿物成分与分布、生物的进化等。然而，这些性质不是一成不变的。改变地球的地质特性的活动，便称为地质活动。

②淡水

含盐量每升小于0.5克的水，属于淡水。地球上淡水总量的68.7%都是以冰川的形态出现的，并且分布在难以利用的高山和南、北极地区；还有部分埋藏于深层地下的淡水，很难被开发、利用。

③岩石圈

地球是一个半径有6300多千米的椭球体，它从表面向地心可分为地壳、地幔和地核三部分。岩石圈便是包含上地幔顶部及地壳的由岩石组成的空间。

02 环境科学

环境科学是一门研究人类生存环境的质量及对其保护与改善的科学。它的研究内容主要是人类生产、生活与周围环境演变规律之间的相互作用，力求找到人类社会发展与环境质量保持的平衡点，以达到协同演化、持续发展。

环境科学所研究的环境，是以人类为主体的外部世界，包括自然环境和社会环境。自然环境是人们周围的各种自然因素的总和，但由于受到人类过多的干预，原生的自然环境已寥寥无几。社会环境是自然环境的发展，是指人类生存及活动范围内的社会物质、精神条件的总和，是人类精神文明与物质文明发展的标志。

环境具有多种层次与结构，可以做各种不同的划分。按照环境要素可分为大气、水、土壤、生物等环境；按照人类活动范围可分为车间、厂矿、村落、城市等环境。环境科学是把环境作为一个整体进行综合研究的，它对那些保持良好、神秘而未被发掘的环境，以及由于人类活动排放的废弃物而导致环境自净能力无法修复的环境，进行监测与评价，衡量其环境容量，制定环境开发与利用、保护与改善的计划。

① 环境质量

环境质量一般是指一定范围内环境的总体或环境的某些要素对人

类生存、生活和发展的适宜程度，是反映人类的具体要求而形成的对环境评定的一种概念。随着环境问题的突显，常用环境质量的好坏来表示环境遭受污染的程度。

② 自然因素

自然因素就是自然条件因素，主要是指地理变化、气候条件和自然灾害等，包括洪涝、地震、干旱、虫灾、严寒、台风等方面的因素。自然因素制约着人类的生产、生活，人类的各项活动也离不开自然因素。

③ 村落

村落主要指大的聚落或多个聚落形成的群体，常用作现代意义上的人口集中分布的区域，包括自然村落和村庄区域。

▲ 城市环境

03 资源的有限性

▲ 原始森林资源

地球上拥有丰富的资源种类，例如矿产资源、水资源、太阳能资源等。然而，这些资源并不都是取之不尽，用之不竭的，它们多数是有限的资源，有些甚至是稀缺的，这就反映出全球资源的有限性。所谓有限性，是从自然资源的客观存在而言的，对于需求量少，技术不发达的远古人类来说，资源似乎是无限的，然而当今世界已经面临着森林资源短缺、水资源危机等的威胁。

从数量、时间、科学技术的发展前景以及人类的索取欲来看，全球资源的容量是有限的，例如淡水资源、石油资源等，并且世间万物

都不是永恒的，星球的存在也是有极限的，星球上的资源会随着星球的消亡而消失，纵使现今存在许多可再生资源，然而受科学技术发展水平的制约，人们还不能彻底地认识并利用这些资源，因此，这样的资源在某种程度上也是有限的。随着人类需求的不断增长与扩大，生活、生产所需的资源就越来越多，绝大多数不可再生资源与人类快速膨胀的需求相比就体现了全球资源的稀缺性，即全球资源有限的一面。

然而，资源不仅仅停留在自然层面，我们同时还拥有种类繁多的非自然资源，如人力资源、文化资源、信息资源等。

① 森林资源

森林资源是林地及其所生长的森林有机体的总称，包括森林、林木、林地以及依托森林、林木、林地生存的野生动物、植物和微生物。

② 矿产资源

矿产资源指通过地质成矿作用形成的有用矿物或有用元素的含量达到具有工业利用价值，呈固态、液体或气态赋存于地壳内的自然资源。按其特征和用途，通常可分为金属矿产、非金属矿产和能源矿产。

③ 可再生资源

可再生资源指具有自我更新、复原的特性，并可持续被利用的一类自然资源。这种环保资源的应用已越来越广泛。目前，人类已经发现并利用的主要可再生资源有太阳能、地热能、水能、风能以及生物质能。

04 资源的特征

▲ 土地资源

自然资源是一个相互作用、相互联系、相互依存的整体，各种资源在生物圈中相互作用、相互制约，构成完整的资源生态系统。一种资源的开发，会影响其他相关的资源，一种资源的变迁会诱发其他资源的演变。资源的这一特征便是其整体性和相关性的体现。

自然资源贮藏在环境当中，组成环境的各要素（气候、生物、地形、土壤、水文）不是孤立存在和发展的，而是作为整体的一部分，相互联系，相互制约，相互渗透。

一种要素的变化会影

响另外要素的变化。如由于各种自然或人为的因素，导致森林资源的锐减。然而，植物有固土作用，土壤的缝隙又能储存一部分经由土壤松散表面渗入地下的水，大片的植物减少便会导致该区域的水土流失。因此，在森林资源减少的同时，水资源与土壤资源也会随之减少。

正所谓牵一发而动全身，对某一种资源的过度利用与破坏，就意味着改变全球资源的结构组成，对全球资源的保护，就是要保证各环境要素之间的平衡。

① 生态系统

生态系统指生物群落与无机环境构成的统一整体，其范围可大可小。其中，无机环境是一个生态系统的基础，它直接影响着生态系统的形态；生物群落则反作用于无机环境，它既适应环境，又改变着周围的环境。

② 环境要素

环境要素又称环境基质，是构成人类环境整体的各个独立的、性质不同的而又服从整体演化规律的基本物质组分。可分为自然环境要素和人为环境要素。各个环境要素之间可以相互利用，并因此而发生演变。

③ 植物根系的固土作用

植物要正常存活并生长，不仅需要地上部分的光合作用，还需要地下部分的根系吸收养分和水分。植物强大的根系在土壤中穿插、缠绕、网络、固结，使土与土、土与根之间的摩擦力增加，从而使土壤整体更加稳固。

05 资源的不均衡性

自然资源是随着地球系统的形成和演变而逐渐形成的，并服从一定的时间节律性和地域分布规律，于是形成了自然资源分布的不均匀特性。资源的这一特性也是导致全球不同区域发生不同资源危机的根本原因。

自然资源的地域性表现在自然资源的种类及其组合、质量、数量、特性等各方面在不同区域中存在差异，这也使资源的有限性有了更深刻的体现。不可更新的资源正随着不断的开发与利用被消耗着，而可更新的资源又有着不同时间段内的变化，数量并不是常年不变的。虽然长期的自然演化，使其各种成分之间能维持相对稳定的动态平衡，但不同时节的资源种类和数量还是存在明显差异的，这便是自然资源的时间节律性。

由于自然资源的地域性，各种资源开发的方式、种类也就有了差异，从而资源的利用也存在着地域差异。人类对自然资源不均衡性的影响与变动，可表现为正负两个方面：正的方面如资源的改良增殖、人与资源关系的良性循环；负的方面如资源退化耗竭，从而使得资源生产的节律性发生了变化。

① 南水北调

中国水资源分布极其不均，南多北少，南涝北旱。南水北调便是

缓解中国北方水资源严重短缺局面的重大战略性工程。该工程是通过跨流域的水资源合理配置来达到南水北调的，并可同时促进南北方经济、社会、人口、资源、环境的协调发展。

▲ 南水北调工程

② 南非

南非的自然资源十分丰富，拥有各种矿产资源，其中最著名的是黄金，产量占世界第一位，因此有“黄金之乡”的美称。在南非首都比勒陀利亚南面有一个地方叫约翰内斯堡，是世界最大的产金中心，被称为“黄金之城”。

③ 富饶的贫困

富饶的贫困是指那些资源丰富的地区却经济贫困的现象。随着科学技术的迅猛发展，传统的自然资源作为一种硬要素，其在经济发展中的作用在逐步下降，而观念、人才、技术、管理和营销经验等软要素的作用则显得越来越重要。

06 原生环境问题

由自然演变和自然灾害引起的环境问题叫作原生环境问题，也叫第一环境问题。原生环境问题是由于自然环境本身发展演变所引起的，因此这一类环境问题在人类社会出现以前就存在于自然界中，目前人类的抵御能力还很脆弱，并且这类环境问题一般不能被预见或预防。随着科学技术的发展，人类目前已可以对某些原生环境问题进行初步的预警。

原生环境是指自然环境中未受人类活动干扰的地域，如原始森林、高山荒地、冻原地区及大洋中心区等。原生环境问题主要体现

▲ 崩塌

为：地震、海啸、火山爆发、泥石流、洪涝、干旱、滑坡、崩塌、台风等自然灾害。这类灾害对人类社会所造成的危害往往是触目惊心的，不仅会造成人员伤亡、财产损失，还有可能导致社会失稳、资源破坏等一系列事件。除此之外，恶劣的区域自然环境质量所导致的地方病也是原生环境问题的一种。

地方病是指具有严格的地方性区域特点的一类疾病。这种病往往与地理环境中的物理、化学和生物因素密切相关，且主要发生于广大农村、山区、牧区等偏僻地区。中国各省、自治区、直辖市都存在不同的地方病案例。

① 冻原地区

冻原又称苔原，指在北极附近和温带山地树木线以上，生长着低矮植被和地下具有永冻层的地带。冻原有两类，分布于北极平原地区的叫平地冻原或极地冻原；分布于山地顶部的叫山地冻原。山地冻原是平地冻原在山地的变型。

② 海啸

海啸是由风暴或海底地震造成的海面恶浪并伴随巨响的现象，是一种具有强大破坏力的海浪。印度洋海啸发生于2004年12月26日，是由于地震所引起的。

③ 鼠疫

鼠疫是由鼠疫耶尔森菌引起的自然疫源性疾病，也叫作黑死病。本病早在2000多年前就有记载。在世界历史上曾发生过三次鼠疫大流行，因之而死的人数以万计。

07 次生环境问题

由人类活动引起的环境问题叫做次生环境问题，也叫第二环境问题。次生环境问题表现为环境污染和生态破坏两方面，且两者密切相关。环境污染严重的会导致生态破坏，环境污染的发生及其后果也会受生态破坏的影响。次生环境问题在发达国家主要体现为环境污染，发展中国家则主要是生态破坏。

次生环境问题虽不似原生环境问题可追溯到人类出现以前，但自从有了人类活动，次生环境问题也就伴随而生。远在采猎文明时期，人类生产力水平虽然很低，改造地理环境的作用虽然微弱，但次生环境问题仍然以气候危机和食物危机等形式表现出来。到了农业文明时期，人类开始有效地、自觉地利用自然资源。随着人类社会的快速发展，对自然资源的需求也逐渐扩大，于是，水土流失、土地荒漠化和土地盐碱化等生态问题便日益严重。近代的工业文明时期，城市化、工业化以及社会经济的高速发展，致使地区性乃至全球性的环境污染和生态破坏加剧。

次生环境问题虽然与原生环境问题有所不同，但两者却很难被彻底分开，它们之间相互作用，相互影响，叠加到一起，形成一系列复合的环境效应，从而使环境问题变得更加复杂。

① 环境污染

环境污染是指人类直接或间接地向环境排放超过其自净能力的物质或能量，从而使环境的质量降低，对人类的生存与发展、生态系统和财产造成不利影响的现象。常见的有水污染、大气污染、噪声污染、放射性污染等。

② 生态破坏

生态破坏是指人类不合理地开发、利用而造成草原、森林等自然生态环境遭到破坏，从而使人类、动物、植物的生存条件恶化的现象。现今比较严重的生态破坏有水土流失、土地荒漠化、土地盐碱化、生物多样性减少等。

③ 生产力

生产力就是人类运用各类专业科学工程技术，制造和创造物质文明和精神文明产品，满足人类自身生存和生活的能力。生产力的基本要素是生产资料、劳动对象和劳动者。目前，科学技术是推动人类社会经济、文化发展的第一生产力。

▲ 环境污染

08 地球环境现状

▲ 荒漠化土地

在人类漫长的发展历程中，由于人类与自然的互动，我们赖以生存的地球环境发生了各种变化，各种人为的、非人为的，原生的、次生的环境问题相继出现，并不断改变着地球环境。

发展至今，我们的环境已不像最初形成时那般健康。全球变暖导致的海平面上升，就像即将决堤的大坝一样危机四伏；臭氧层的空洞，使皮肤病等病症的发病率大大提高；对石油无节制的开发利用，使环境质量受到严重考

验的同时，不禁令我们担忧子孙后辈是否还有能源可用；过度的捕鱼已超过了海洋的天然补给能力，很多鱼类的数量正在锐减，甚至到了灭绝的边缘，然而不仅是鱼类，其他动植物也面临着同样的命运；越来越多的核废料在处理上遇到困难，由于其本身就具有可能泄漏的危险，所以无论将其运到哪里，都将不可避免地给当地造成污染。

厄尔尼诺现象的出现、土地荒漠化和盐渍化、大片森林绿地的消失、大量物种的灭绝等现象无一不警示人们，地球环境已经处于一种亚健康的状态。

① 海平面

海平面是海的平均高度，指在某一时刻假设没有波浪、潮汐、海涌或其他扰动因素引起的海面波动，海洋所能保持的水平面。冰川的消融、海底地势构造的改变、大地水准面的变动都影响并控制着海平面的情况。

② 大坝

大坝是起挡水作用的水工建筑物，可分为土坝、重力坝、混凝土面板堆石坝、拱坝等。大坝是构成水库、水电站等水利枢纽的重要组成部分，其高度取决于枢纽地形、地质条件、淹没范围等条件。

③ 核废料

核废料泛指在核燃料生产、加工和核反应堆用过的不再需要的并具有放射性的废料。由于核废料危害性高，所以应妥善管理。

09 全球气候问题

全球气候问题又称全球气候变化问题，是指在全球范围内，自然内部进程，或是外部强迫，又或者是人为的影响，导致的气候平均状态统计学意义上的巨大改变或者持续较长一段时间的气候变动，从而导致地球上某些原生的或次生的环境问题的出现。

气候的变化产生的影响和带来的问题不可小觑。地球温度上升导致的喜马拉雅冰川的消融、南极冰架的崩塌，造成淡水资源缺乏，且海平面上升使沿海地区面临咸潮破坏，甚至有淹没之灾；冻土融化对当地居民生计和道路工程设施，越来越具有威胁性；每年全球（主要是发展中国家）因气候变化导致的腹泻、营养不良等病症多发甚至死亡的人数高达15万；热浪、暴雨、干旱、台风等极端天气、气候灾害发生得越来越频繁，所造成的生命、财产的损失也越来越严重。

无论是气象灾害的加剧，还是气候规律的反常，无疑都会影响到自然生态系统的正常运行、社会经济的发展，甚至会影响到国际安全。由此可见，气候变化关乎着人类的核心利益和发展前景。

①咸潮

咸潮又称盐水入侵、咸潮上溯，是由太阳和月球对地表海水的吸引力引起的，是一种天然水文现象。咸潮一般发生于冬季或旱季，

这时淡水河流量不足，导致海水倒灌，咸水、淡水混合，造成上游河道水体变咸，即形成咸潮。影响咸潮的主要因素有天气变化和潮汐涨退。

▲ 被台风摧毁的栈桥

②冻土

冻土是指0℃以下，并含有冰的各种岩石和土壤。根据时间，可分为短时冻土、季节冻土和多年冻土，地球上冻土的面积约占陆地面积的50%。在冻土区修建工程构筑物必须面临两大危害：冻胀和融沉。

③热浪

热浪是指天气持续地保持过度炎热的现象，也可能伴随有很高的湿度。不过热浪通常是与地区相联系的，所以对于气候较热地区来说是正常的温度，对于一个较冷的地区来说则可能是热浪。

10 自然环境

自然环境就是自然界中可以直接或间接影响人类生活、生产的一切自然物质和能量。构成自然环境的物质总类很多，主要有空气、水、植物、动物、土壤、岩石矿物、太阳辐射、宇宙中的星体物质等。这些都是人类赖以生存的物质基础或影响人类生存的物质组成。

就全世界而言，随着地域的不同，自然环境差异很大。例如，低

▲ 温泉资源

纬度地区，每年接受太阳的热能比高纬度地区多，形成热带环境；高纬度地区形成寒带环境；雨量丰沛的地区，形成湿润的森林环境；雨量稀少的地区，形成干旱的草原或荒漠环境。高温多雨地区，土壤终年在淋溶作用下呈酸性；半干旱草原地带，土壤常呈中性或碱性。不同的土壤特征又会影响植物和作物的生长。在广阔的大平原上，表现出明显的纬度地带性；在起伏较大的山地，则形成垂直的景观带。

自然环境又可分为若干个子环境，有地质环境、土壤环境、大气环境、水体环境、生物环境。各环境之间相互影响，相互制约。

① 太阳辐射

太阳辐射是指太阳向宇宙发射的电磁波和粒子流（一种具有一定能量的、抽象的物质）。虽然地球所接受的太阳辐射能量仅为总辐射能量的二十亿分之一，但地球大气运动的主要能源却来自于它。

② 森林

森林是一个树木密集生长的区域。这些植被覆盖了全球大部分的面积，是构成地球生物圈的一个重要方面。其具有改善空气质量、涵养水源、缓解“热岛效应”、减少风沙危害、减少泥沙流失、丰富生物物种、减轻噪声污染、美化自然环境等作用。

③ 温泉

温泉是泉水的一种，是由地下自然涌出的泉水，水温高于环境年平均温5℃，可以洗澡等。形成温泉必须具备地底有热源存在、岩层中具裂隙让温泉涌出、地层中有储存热水的空间三个条件。

11 陆地环境

自然环境中各个组成部分的空间分布、大小、相互关系等，称为自然环境的结构。从全球的自然环境来看，它的组成有三大部分，即大气、陆地、海洋。

陆地环境是指陆地表面形成的自然地理环境。陆地是地球表面未被海水浸没的地方，由大陆、岛屿、半岛和地峡几部分组成，平均海拔为875米，总面积约为1.49亿平方千米，约占地球表面积的29.2%。其中面积广大的称为大陆。板块构造学说认为，全球有六大块，按面积大小依次为欧亚大陆、非洲大陆、北美大陆、南美大陆、南极大陆和澳大利亚大陆。散布在海洋、河流或湖泊中的陆地称为岛屿，按成因分为大陆岛、海洋岛（火山岛、珊瑚岛和冲积岛）。全球岛屿面积约为970多万平方千米。

陆地环境的次级结构为：山地、丘陵、高原、平原、盆地；河流、湖泊、沼泽和冰川；森林、草原和荒漠。这些不同的地貌使陆地环境呈现出千奇百怪的姿态，也为我们提供了种类丰富的资源。人们在陆地上繁衍生息，用智慧和双手创造人类文明，建设美好的家园。

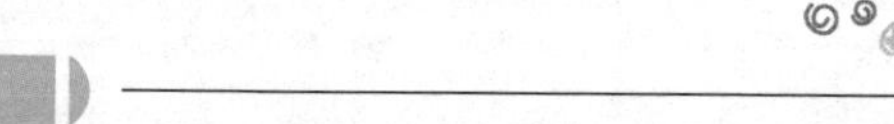

① 荒漠

荒漠是一种在干旱气候条件下形成的植被稀疏的地理景观。我们

所熟知的荒漠形式有戈壁和沙漠，此外，还有山地荒漠。

②草原

草原是具有多种功能的自然综合体，属于土地类型的一种，分为热带草原、温带草原等多种类型。草原是世界所有植被类型中分布最广的，草本和木本的饲用植物大多生长在草原上。

③冰川

冰川或称冰河，是指大量冰块堆积形成如同河川般的地理景观。按照冰川的规模和形态可分为大陆冰盖和山岳冰川（又称高山冰川）。地球上陆地面积的1/10被冰川所覆盖，而4/5的淡水资源也储存于冰川之中。

▲ 草原

12 大气环境

▲ 大气污染

大气环境是指包围我们的空气所营造的一种具有其固有性质的环境。它是看不见、摸不着的，但跟人类以及各种生物的生存、生长有着密不可分的关系。

大气具有各种物理性质，如气压、湿度、温度和风速等，都是由于太阳辐射这一原动力所引起的。大气的某些化学特性，如化学组成、化学变化等，是与人类生活和工农业生产成因果关系的。例如，大量的汽车尾气排放到大气中，会使其中的二氧化碳、一氧化

碳、硫化物等进入大气，致使大气中原有的化学组分含量发生变化或产生新的物质，从而影响、改变了大气的性质，严重的还可能导致大气污染。

空气的运动及其气压的变化，使地球上各区域，如南北之间、海陆之间、地面与高空之间不断地发生能量与物质的交换，从而生成复杂的气象与天气的变化，如风、雨、云、雷、电等。不同的气象与天气又直接或间接影响着动植物的分布、生长以及人类生产、生活的安排等。

① 化学变化

化学变化在日常生活中是很常见的，如炭火的燃烧、铁生锈、硫酸的腐蚀等。在这种变化中常伴有热、光、气体的产生，颜色、气味改变或沉淀等，可以通过这些现象来判断化学反应是否发生。

② 大气污染

大气污染通常是指由于自然过程或人类活动导致某些物质进入大气，使其浓度超过可承受范围，并因此对人类、生物和物体造成危害的现象。能造成大气污染的污染物主要有粉尘、雾、降尘、悬浮物等。

③ 气象

气象就是指发生在天空中的风、云、雨、雪、霜、露、虹、晕、闪电、打雷等一切大气的物理现象。气象对农业、航空、军事、交通、工业以及保险行业都有影响。

13 海洋环境

海洋环境指地球上广大连续的海和洋的总水域，包括海水、溶解和悬浮于海水中的物质、海底沉积物和海洋生物。海洋是地球表面的一种被陆地分割但彼此相通的广大水域，其总面积约为3.6亿平方千米，大概占地球表面积的71%，故常常有人将地球称作“水球”。海洋中水的体积约为13.5亿立方千米，是地球上总水量的97%。到目前为止，人类已探索的海洋仅有5%，还有95%的海洋披着神秘的面纱。

海水的温度有着日、月、年等周期性变化或不规律的变化，这主要取决于海洋热收支状况及其时间变化。一般来说，世界海洋水温变化在-2～30℃之间，其中有占全部海洋面积一半以上的区域，年平均水温超过20℃。研究海水温度的时空分布及变化规律，对气象、航海、捕捞业和水声等学科都很重要。海水中的盐分，则是我们日常生活中食盐的主要来源之一，有些盐是来自海底火山的，但大部分是来自地壳的岩石。

海洋是地球上三大生态系统之一，不仅本身具有巨大的能量与资源，还为运输业、影视业等做出了巨大的贡献。当然，与此同时，人类也要或多或少地承受海洋带来的一些自然的或人为的灾难。

① 海洋的颜色

通常认为海水是蔚蓝色的，这是由于海水中的水分子或其他细微

的悬浮质、浮游生物等，对太阳光线的不同程度的吸收、散射与反射而形成的。实际上，海洋是红、黄、蓝、白、黑五色俱全的，海水中导致其变色的因素强于对阳光散射所生的蓝色时，海水就会呈现不同的颜色。

② 未来粮仓

海洋中虽不能种小麦和水稻等粮食作物，但海洋中的鱼和贝类却为人类提供了美味又富含营养的蛋白食物。现在人类消耗的蛋白质中仅有5%~10%是由海洋提供的，不过在相关专家的不断研究下，海洋生物产量会增加，海洋将成为未来的粮仓。

③ 海和洋的区分

洋是海洋的中心部分，是海洋的主体。大洋水深一般在3000米以上，约占海洋面积的89%；海在洋的边缘，是大洋的附属部分，深度比较浅，约占海洋面积的11%。

▲ 海洋

14 自然环境灾害预报（一）

为了尽可能降低原生环境问题引起的自然灾害的危害性，科学家们对自然变异的各种信息和规律进行研究，为自然灾害的预报提供了主要依据和方法。近些年来，各国的自然灾害预报科学发展很快，归纳起来主要有以下几种方法。

根据自然变异的发展趋势进行预报。地震的发生是地应力集中与释放的过程，在这一过程中必然会引起地球物理场、地球化学场、地热场、地下水系统、生物场等一系列变化，根据这些变异来研究地震

▲ 地震危害

的发生，便是地震预报的一种方法。

根据自然灾害的时序规律进行预报。多数自然灾害都有一定的规律性，从而显示出周期性和准周期性的时序规律。这是一种经常使用的预报方法。据研究，近500年来中国北方1479年至1691年及1891年以后为干旱期，前一干旱期持续了212年，据此推算，从19世纪末到21世纪仍是以干旱为主的时期。

根据自然灾害与太阳活动的关系进行灾害预报。已有大量的资料说明，在太阳黑子活动的极小年和极大年是地震多发年。许多研究成果已经揭示，旱灾、洪水、海啸、地质灾害、厄尔尼诺事件、生物灾害等，都具有11年或22年的准周期，与太阳活动的周期有关。

① 地震

地震是指地壳快速释放能量过程中造成震动，其间会产生地震波的一种自然现象。它就像海啸、龙卷风一样，是地球上经常发生的一种自然灾害。

② 地下水系统

地下水系统是由隔水或相对隔水岩层圈闭的，具有统一水力联系的含水地质体，是地下水资源评价的基本单位。普遍认为地下水系统是水文循环系统的一部分，由输入、输出和水文地质实体三部分组成。

③ 太阳活动

太阳活动是太阳大气层里一切活动现象的总称，主要有太阳黑子、耀斑、光斑、日珥和日冕瞬变事件等。太阳活动是引起地球上极光、磁暴和电离层扰动等现象的元凶。

15 自然环境灾害预报（二）

对自然环境灾害进行预报还有如下方法。

根据天文时经纬线差和地球自转速度的变化进行灾害预测。许多资料揭示，从南北半球的测纬线差曲线来看，地震都发生在纬度值减小的时候；从东西半球的测纬线差曲线来看，东半球的经度向西移，西半球的经度向东移时，地震较易发生。地球自转速度的变化控制了地震的发生，也对大气运动与旱涝灾害、海洋活动与海洋灾害、地质灾害的发生起着重要作用。

▲ 干旱

根据月相变化进行预报。研究认为，月球盈亏的不同相位变化影响了北半球副热带高压的位置和强度，从而对气象灾害起了一定的控制作用。一般

在夏季，上弦与下弦时副热高压加强，而在满月和新月时副热高压减弱，冬季则相反。日、月引潮力又可对地球造成多方面的影响，是引起气候变化和触发地震的原因之一。

根据行星会合周期和多种天文周期的复合叠加进行预测。已有许多专家研究了多个星球会聚与灾变周期的关系，考虑到太阳黑子、地球自转、天体相对位置、行星会聚等多种周期，用多种方法，对自然灾害进行了预测，并在预报地震、旱灾和洪涝灾害中得到初步验证，是行之有效的一种方法。

① 纬度

在地球仪上，我们可以看见有一条一条的细线，有竖的，也有横的，其中横着的就是纬线。表征纬线在地球上方位的量便是纬度（指某点与地球球心的连线和地球赤道面所成的线面角），其数值在0° ~90° 之间，赤道以北的点的纬度称北纬，以南的点的纬度称南纬。

② 太阳黑子

太阳黑子是在太阳的光球层上发生的一种最基本、最明显的太阳活动。太阳黑子实际上是太阳表面一种炽热气体的巨大漩涡，温度大约为4500℃，因为其温度比太阳的光球层表面温度要低1000～2000℃（光球层表面温度约为6000℃），所以看上去像一些深暗色的斑点。

③ 地球自转

地球自转就是地球绕自转轴自西向东转动，从北极点上空看呈逆时针旋转，从南极点上空看呈顺时针旋转。自转是地球的一种重要运动形式，自转一周耗时23小时56分。

16 自然环境灾害预报（三）

预测自然环境灾害，除了根据致灾因子变异、灾害链、灾情监测外，还有其他的方法。

▲ 水情观测站

根据致灾因子的变异进行灾害预测。自然灾害的发生是由多种因子造成的，这些因子涉及地球岩石、水体、大气、生物等圈层的变化，因此，根据这些变化，可以对灾害进行预测，如根据干旱预测地震，根据海底火山喷发和热液活动预测厄尔尼诺事件等。

根据灾害链进行灾害预测。许多自然灾害，特别是强度较大的自然灾害，时常引起一连串的次生灾害，称为灾害链。根据灾害链的序列可预测其他灾害，如根据台风预测风暴潮，根据洪水预测山地地质灾害等。

灾情监测跟踪预报。对灾害的发展进行监测并据此提出预报，如根据海啸发源地的位置和传播速度对其他地区的浪灾提出预报，根据降水量与河流水位和洪峰对下游洪灾提出预报等。

其他预报方法。有人通过研究日食、月食、新星等与灾变的关系，预报灾害。由于温室效应、热岛效应、阳伞效应的影响加大，许多人已结合人为致灾作用和环境的演变预测灾害。总之，广开思路，多方位探索，学科交叉，综合预报，是当今预报科学的特色与趋势。

① 致灾因子

致灾因子，即由孕灾环境产生的各种异动因子。其是由各种自然异动（雷电、暴雨、地震、台风等）、人为异动（操作管理失误、人为破坏等）、技术异动（技术失误、机械故障等）、政治经济异动（金融危机、能源危机等）产生的。

② 火山喷发

火山喷发是一种奇特的地质现象，是地壳运动的一种表现形式，也是地球内部热能在地表的一种最强烈的显示。因受岩浆性质、火山通道形状、地下岩浆库内压力等因素的影响，火山喷发的形式多种多样，一般可分为裂隙式喷发和中心式喷发。

③ 降水

将大气中的水汽以各种形式降落到地面的过程，就叫作降水。一般形成降水要符合如下条件：一是要有充足的水汽；二是要使气体能抬升并冷却凝结；三是要有较多的凝结核（空气中的悬浮颗粒）。

17 生态环境现状

生态环境是指影响人类生存与发展的一切外界条件的总和，是关系社会和经济持续发展的复合生态系统。人类在其自身的生存和发展过程中，利用和改造自然而造成的自然环境的破坏和污染等危害人类生存的各种负反馈效应，统称为生态环境问题。

在地球环境现状的大趋势下，生态环境的现状当然也不容乐观。大气中二氧化碳、甲烷、氟利昂等温室气体含量的增加，致使全球气温升高，海平面上升，严重威胁到低洼的岛屿和沿海地带；人们过度的放牧、耕作、滥垦滥伐等行为，使土地质量下降并逐渐退化、沙漠化，在过去的几十年里，土地退化和沙漠化，使全世界饥饿的难民增加了一亿多；发达国家广泛进口和发展中国家开荒、采伐等行为使得森林面积大幅度减少，从而导致的生物种类的减少、水土流失、自然灾害等现象层出不穷；各种资源的过度开发利用导致的资源枯竭和各种污染已使如今的生态环境不堪重负。

然而，现今最无法忽视的生态问题则是人口爆炸。人口数量的快速增加无疑是造成环境恶化、生态失衡的第一诱因。

① 生态

生态一词源于古希腊，意思是指家或者我们的环境，现在通常指生物（原核生物、原生生物、动物、真菌、植物）的生活状态，指生

物之间和生物与环境之间的相互联系、相互作用，也指生物的生理特性和生活习性。

② 反馈

反馈又称回馈，指将系统的输出返回到输入端并以某种方式改变输入，进而影响系统功能的过程。反馈可分为正反馈和负反馈，前者使输出起到与输入相似的作用，后者使输出起到与输入相反的作用。对于负反馈的研究是目前人们关注的核心问题。

③ 温室气体

温室气体指的是大气中能吸收地面反射的太阳辐射，并重新发射辐射的一些气体，如二氧化碳、水蒸气、大部分制冷剂（如过去冰箱常用的氟利昂）等。其能使地球表面的温度升高，这种使地球变得更暖的现象称为“温室效应”。

▲ 过度放牧

18 宇宙环境

宇宙环境，也有人称为空间环境，即大气圈层以外的环境。这是人类活动进入大气层以外的空间和附近的天体以后提出来的新概念。宇宙是无限的，现在人类只能观察到离地球100多亿光年的空间范围，只能触及太阳系内的一些星体。随着空间科学的发展，人在宇宙空间的活动范围将不断扩大，对宇宙环境的认识也将不断发展。

宇宙环境由广漠的空间和存在其中的各种天体以及弥漫物质组成。宇宙环境与人类生活的地球环境差异很大。地球周围笼罩着密集

▲ 涨潮

的大气，而星际空间则几乎是真空的。到目前为止，在太阳系内除地球以外，没有发现任何星球上有生物存在。宇宙环境对地球上人类生存的影响很大。太阳辐射是地球上光和热的主要源泉，太阳辐射能量的变化会影响地球环境，如太阳黑子出现的数量同地球上的降水量有明显的相关性。月球和太阳对地球的引力作用产生潮汐现象，同时可引起风暴、海啸等自然灾害。

在航天事业比较发达的今天，人类开始进入宇宙环境、探索宇宙环境，其目的之一是了解宇宙，便于人类向太空发展。另外，就是掌握宇宙环境对人类的影响，以便设法消除或减轻宇宙环境灾害。

① 光年

光年不是时间单位而是一种长度单位，指的是光在真空中行走一儒略年的距离，它是由时间和速度计算出来的。宇宙间的距离非常大，所以只能以光年来计量，一光年大约为9.46×10^{12}千米。

② 天体

天体是指宇宙空间的物质形体，如在太阳系中的太阳、行星、卫星，银河系中的恒星、星云、星际物质，以及河外星系、星系团等。人类发射并在太空中运行的人造卫星、宇宙飞船、空间实验室、月球探测器、行星探测器、行星际探测器等则被称为人造天体。

③ 航天

航天又称空间飞行、太空飞行或宇宙航行，是指航天器在太空的航行活动。航天的基本条件是航天器必须达到足够的速度，摆脱地球或太阳的引力。航天活动的目的是探索、开发和利用太空与天体，为人类服务。

19 地质环境

地质环境是由岩石、浮土、水和大气等地球物质组成的体系。人类和生物都依赖地质环境而生存和发展，同时，人类和生物的活动又不断地改变着地质环境。

▲ 泥石流预震地声仪

地球本身由三部分物质组成，最外一个圈层叫地壳，人类的生活、生产等活动，均在地壳范围内进行。此层岩石圈内物质的分布是不均匀的，因而不同的化学环境产生不同的生态系统，在不同地区不同的岩石中蕴藏着不同的矿产。地壳下面是地幔，这里温度很高，物质呈熔融状态，岩石的塑性变大，可缓慢地流动，所以此层又称为软流层。地幔之下是地

核，温度更高，由铁镍组成，因此称为铁镍核心。

地质环境与人类和其他生物的关系是十分复杂的。地质环境是生物的栖息场所和活动空间，为生物提供水分、空气和营养元素。生物是地质环境的产物，但又改变地质环境。地质环境向人类提供矿产和能源，人类从地层中开采矿石，从中提取金属和非金属物质。人类对地质环境的影响随着技术水平的提高而越来越大。例如大规模毁坏森林草原，导致水土流失，土地沙漠化；矿物燃料的大量燃烧，增加大气层二氧化碳含量，造成全球气候异常等。

①地壳

地壳是地球固体地表构造的最外圈层，整个地壳平均厚度约17千米，其中大陆地壳厚度较大，平均约为33千米。高山、高原地区地壳更厚，最高可达70千米；平原、盆地地壳相对较薄。大洋地壳则远比大陆地壳薄，厚度只有几千米。

②地幔

地幔位于地壳下面，是地球的中间层，主要由致密的造岩物质构成。这是地球内部体积最大、质量最大的一层，化学成分主要是含铁镁的硅酸盐。地幔是驱动地球工作的引擎，也是地震、火山喷发和大陆移动的原因。

③地质灾害

地质灾害是指在自然或者人为因素的作用下形成的，使人类生命财产遭受损失、对环境造成破坏的地质现象，如滑坡、崩塌、泥石流、水土流失、地震等。

20 地理环境

地理环境的概念是法国地理学家列克留于1876年提出来的，其原意是围绕人类的自然现象的总体。地理环境是自然地理环境和人文地理环境两个部分的统一体。自然地理环境是由岩石、水、大气、生物等自然要素有机结合而成的自然综合体。人文地理环境是人类的社会、文化和生产活动的地域组合，包括人口、民族、政治、经济、交通、社会行为等许多成分，由它们在地球表面构成的圈层，称为人文圈，或称为社会圈、智慧圈、技术圈。

自然地理环境是自然物质发展的产物；人文地理环境是人类在自然地理环境基础上，进行社会、文化和生产活动的结果。地理环境同地质环境是有区别的，其不同之处在于：地理环境是指对人类影响较大的地球表面环境；而地质环境则深入到地壳内部现代工程技术所达到的地方以及更深的区域。

地理环境与人类的关系十分密切。人是自然发展的产物，人类从地理环境中获得所需物质，人类社会也是在地理环境中发展的。人类向大自然的索取是从低级阶段到高级阶段不断发展的，人类社会的早期，靠采集和渔猎天然动植物繁衍生息，影响地理环境不大。后来，发展了畜牧业和农业，人类不仅更广泛地利用自然资源，而且对环境进行了重大改造。

▲ 煤渣污染

① 人文

人文是先进思想的代名词，即先进的价值观及其规范。其集中体现的是重视人、关注人、关爱人、爱护人。简而言之，人文即重视人的文化。人文就是人类文化中的先进部分和核心部分。

② 对地理环境的改造

在农业生产中，人类栽培了一系列作物，把原来的森林、草原、河滩以及沼泽开垦为耕地；把多种野生动物驯化为家畜、家禽；建立了人工灌溉网和人工水体，开采出大量矿产资源。

③ 对地理环境的负面影响

人类大量地消耗各种资源，出现资源枯竭危机；由于人类进行规模巨大的生产活动，排放出数量庞大的各种废气、废水、废热、废渣等，引起环境污染，造成生态失衡、生态危机，影响人类健康等，这些都是人类对地理环境造成的负面影响。

21 中国地理环境

中国的地理环境，是指环绕中国社会的自然条件，包括中国的地理位置以及中国国土范围内的土壤、山林、地下矿藏、水利资源、动物、植物等。同世界各国相比，中国的地理环境具有规模宏伟、因素众多、功能独特、结构复杂的特点。

中国幅员广阔，物产丰富，生态类型多样，环境质量的好坏，不仅关系到中国社会经济的发展，而且在某种程度上还影响着全球环境的变化。中国现有13亿多人口，约占世界总人口的1/5，所以中国环境

▲ 退化的草地

的好坏是个重大问题。

中国历史悠久，开发较早，特别是人口负荷越来越大，经济活动总量日益扩展，加之长期以来对遵循自然生态规律进行开发建设的问题重视不够，人为的破坏和自然的退化交织叠加，导致了严重的自然环境问题。全国因生态破坏造成的损失每年达千亿元，主要有七个方面的问题：森林资源严重不足，逐年锐减；草地退化严重；野生动植物减少，物种濒危面扩大；水土流失；沙漠化威胁；耕地萎缩，地力下降，污染严重；自然灾害增加，农村环境日益恶化。

① 世界上最高的山峰

世界上最高的山峰是位于中国与尼泊尔交界处的喜马拉雅山脉的主峰——珠穆朗玛峰。山体呈巨型金字塔状，由结晶岩系构成，海拔8844.43米，地形极端险峻，环境非常复杂。中国登山队于1960年5月25日首次从北坡登至峰顶。

② 柴达木盆地

柴达木盆地是高原型盆地，地处青海省西北部，盆地略呈三角形，为中国三大内陆盆地之一。柴达木不仅是盐的世界，而且还有丰富的石油、煤，以及多种金属矿藏。

③ 世界上最长的人工运河

世界上最长的人工运河是中国的京杭大运河，它还是世界上工程最大、最古老的运河之一。京杭大运河全长1747千米，是中国重要的一条南北水上干线，承载着南北大量物资的运输交换，也有助于中国的政治、经济和文化的发展。

22 环境系统的稳定性

环境系统，就是地球表面上各种环境因素，以及这些因素之间互相关系的总和。通常把地球环境系统分为大气圈、水圈、岩石圈和生物圈。

环境系统范围很广，可以是全球性的，也可以是地域性或局部性的。例如一个海岛、一个城市都可以称为一个环境系统。全球环境系统由许多子系统组成，如大气—海洋系统、土壤—植物系统等。各圈层中的物质相互渗透，相互依赖，相互作用，形成了全球的环境系统。各种生命元素，如氧、氮、磷、钙、钾等，在地表环境中不断循环，保持着一定的浓度。环境系统在长期演化过程中保持着自我调节，最后达到环境的稳定。

环境系统的稳定性如何，取决于组成环境的物质的容量和外界物质渗透到环境中数量的多少。容量越大，调节能力也越强，环境系统也越稳定；相反，容量越小，调节能力越弱，环境系统也越不稳定。在生态系统中，构成群落的生物种类越是多样化，食物链和食物网越复杂，生态系统也就越稳定。

由此可见，任意缩小水面，如围湖造田、乱砍滥伐、大量捕杀野生动物、引进新种等，都会破坏环境的稳定，降低环境抵抗自然灾害的能力。

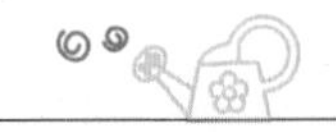

① 海岛

海岛是分布在海洋中被水体全部包围的较小陆地。依据中国国家标准《海洋学术语 海洋地质学 GB/T18190-2000 》，海岛指散布于海洋中面积不小于500平方米的小块陆地。

② 鲸鱼

鲸中的大部分种类生活在海洋中，仅有少数种类栖息在淡水环境中，体形同鱼类十分相似，但却是哺乳动物，这与蝙蝠像鸟而不是鸟的情况相似。

③ 食物链

食物链即生态系统中贮存于有机物中的化学能在生态系统中的层层传导。简单地说，就是通过一系列吃与被吃的关系，将不同的生物紧密地联系起来，并组成生物之间以食物营养关系彼此联系的序列。

▲ 螳螂捕蝉

23 区域环境

▲ 九寨沟

区域环境是指一定地域范围内的自然因素和社会因素的总和，是一种功能多样、结构复杂的环境。根据不同的结构和功能，可将其分为自然区域环境、社会区域环境、农业区域环境、旅游区域环境等。

自然区域环境按照其自身的自然特点，可划分为草原、森林、荒漠、草甸、海洋、冰川、湖泊、山地、河流、盆地、平原等。自然区域环境是随着地球的演变发展而形成的，它的出现和分布符合自然地带的水平分布规律和垂直分布规律，同一类型的自然区域环境可以在地球不同的空间上出现，同一类型的自然区域环境也存在着差异。自然区域环境会因为人类影响而发生变化。

社会区域环境可按照社会经济文化的特点划分为城市区域环境、工业区域环境等。相较于自然区域环境，城市区域环境是人口密集、活动频繁的区域。城市类型不同，社会区域环境的特点也有差异。

农业区域环境可分为作物区、牧区、农牧交错区等。该区域环境的人口密集程度和交通的发达程度与城市区域环境相比都不是很高，并且易受到自然条件和经济技术条件的影响。

旅游区域环境则是作为娱乐、观赏、休养的场所，多数都位于风景优美的自然区域环境中。中国有许多著名的旅游区域环境，如西湖、黄山、桂林等。

① 草甸

草甸是一种生长在中度湿润条件下的多年生中生草本植被。它与草原的区别在于草原以旱生草本植物占优势，是半湿润和半干旱气候条件下的地带性植被，而草甸则一般属于非地带性植被，可以出现在不同植被带内。

② 盆地

盆地为四周高、中间低的盆状地形，其四周为山地或高原。可根据盆地的地球海陆环境将其分为大陆盆地和海洋盆地两大类型。按其成因也可将盆地划分为两类：一种是由于地壳构造运动而形成的，称为构造盆地；另一种是由于冰川、风、流水和岩溶侵蚀而形成的，称为侵蚀盆地。

③ 城市类型

按不同的划分方法，城市的类型多种多样：按城市的行政级别可分为直辖市、地级市和县级市；按城市人口规模可划分为大、中、小城市；按城市职能可分为具有综合职能的城市，以某种经济职能为主的城市，具有特殊职能的城市。

24 作物区域环境

农业区域环境在很大程度上受到自然条件（特别是地形和气候）和经济技术条件的影响，其中农作物的生长、分布也受到各种条件的制约与影响。当某一区域各种条件都很好，且种植某种作物经济效益最高时，我们称这种区域为农作物最适宜区；当多数条件都较好，而个别条件不太好，但可采取改造措施补救，经济效益仍较高时，为农作物适宜区；当条件不太好，勉强可以种植，且改造措施投资较大，产量较低或质量不好，经济效益不高时，为农作物不大适宜区；当某种作物的某些关键性条件不能满足要求，也不容易补救，作物生长不好时，为农作物不适宜区。

上述制约作物生长的各种条件包括作物生长所需的光、热、水分等自然因素，气温、风力等气候条件，土壤、地势等地质条件，以及作物培育所需的技术投入和经济效益等。

不同作物对于不同的地域特性有着不同的适宜程度。如中国长江中下游地区，初夏时期的梅雨适时适量，对早稻的生长和中稻的栽插都是极有利的；澳洲的气候条件适宜牧草的生长，所以畜牧业特别发达。

① 气候

气候是某一地区多年的天气特征，包括多年平均状况和极端状况。气候的形成主要是由于热量的变化而引起的，气候以冷、暖、干、湿这些特征来衡量，通常由某一时期的平均值和离差值表征。

▲ 农作物

② 农作物

农作物指农业上栽培的各种植物，包括粮食作物、油料作物、蔬菜作物、嗜好作物、纤维作物、药用作物等。

③ 风力

风力是风的机械力。风既有大小，又有方向，风速的大小及风的强度常用级数来表示，风力越强风级越大。风力被誉为取之不竭的能源，主要被应用在助航、制热、发电等方面。

25 牧区环境

牧区是以广大天然草原为基础，主要采取放牧方式经营畜牧业的地区，以饲养草食性牲畜为主，是商品牲畜、役畜和种畜的生产基地。

世界牧区大致可分为温带牧区和热带牧区两部分。温带牧区包括南北半球中纬度地带的亚欧大陆、北美和南美的牧区。温带牧区牧草生产季节不平衡，且由于低温少雨的气候条件，牧草植株矮小，种类较少，载畜量不高，畜牧业生产不够稳定。热带牧区包括低纬度地带的非洲、大洋洲及南美洲的半干旱牧区。热带牧区常年温暖多雨，故

▲ 湿地牧场

牧草高大，种类繁多，畜牧业生产水平较高。

中国牧区集中分布在北部、西北部干旱、半干旱及西南部青藏高原地区，主要有新疆、内蒙古、西藏、宁夏以及青海五大牧区。其中内蒙古牧区是中国最大的牧区，它东起大兴安岭，西至额济纳戈壁，草原面积约占中国草场面积的1/4，全区生长着近千种牧草，大小牲畜4000万头，居全国首位。同样的，其他各大牧区也都是全国役畜和毛、皮等畜产品的重要产地。欲提高牧区生产率和土地利用率，必须合理利用草场资源，以利于牧区畜牧业稳定高产地发展。

① 役畜

役畜也称力畜，是专门用来耕地、运输、骑乘等的家畜，如牛、马、骆驼等。评定役畜生产能力的主要指标是挽力、速度和持续工作时间。生产能力的大小与畜种、品种、畜龄、性别、体重、饲养管理和调教情况有关。

② 牧草

牧草一般指供饲养的牲畜食用的草或其他草本植物。广义的牧草包括青饲料和作物。牧草有较强的再生力，一年可收割多次，富含各种微量元素和维生素，是饲养家畜的首选。牧草品种的优劣直接影响到畜牧业经济效益的高低，需加以重视。

③ 青藏高原

青藏高原有“世界屋脊”和“第三极”之称，是中国最大、世界海拔最高的高原。整个青藏高原总面积250万平方千米，中国境内面积240万平方千米，平均海拔4000～5000米，是亚洲许多大河的发源地。

26 农牧交错区域环境

▲ 丘陵

农牧交错区又称半农半牧区，是指分别以牧业经营为主和农业经营为主的生产单位交错分布的地区，是中国村落农业区和草原牧区相转换的过渡地带，一般位于由平原、丘陵向高原、山区，或由半干旱、半湿润地区向干旱地区过渡的地带。在中国，它是衔接重要的畜牧业基地和商品粮基地的地区。

在农牧交错区，农业和畜牧业都对整个区域的经济发展有直接影响，且在当地生产中，两种经营方式的地位和比重大体相同，于是，在衡量、总结当地经营情况时，需要从农业和畜牧业两个方面的经济技术指标来考量。影响农牧交错区生产结构的因素较多，且农业、牧业易

产生矛盾，其中多为草原利用与耕地利用的矛盾，故应加强经营管理，搞好协调发展。

农牧交错地带有时由于自然和人为各种因素的影响，常成为生态环境敏感和脆弱的地区。以吉林省西部地区的农牧交错带为例，该地区降水不足、时空分配不均，且蒸发量很大，又受全球变暖的影响，导致灾害频繁发生。膨胀的人口和并不算发达的经济情况，使环境容量受到了挑战，对土地生态环境产生了巨大的压力，从而导致环境问题的持续恶化。

① 丘陵

丘陵是指地势起伏不平，由连绵不断的低矮山丘组成的，海拔高度在500米以下，相对起伏在200米以下的一种地形。它是世界五大地形之一。中国从北至南主要有辽西丘陵、淮阳丘陵和江南丘陵等。黄土高原上有黄土丘陵，长江中下游以南有江南丘陵。

② 商品粮基地

商品粮基地又称粮食生产基地，历来以产粮为主，粮食商品率较高，是能稳定地提供大量余粮的农业生产地区。建设商品粮基地，有助于稳定农业生产，对中国经济发展有着重要的意义。

③ 高原

高原是海拔高度一般在1000米以上，面积广大，地形开阔，周边以明显的陡坡为界，比较完整的大面积隆起的地区。它是在长期连续的大面积的地壳抬升运动中形成的。世界最高的高原是中国的青藏高原。

27 工业区域环境

在城市发展战略层面的规划中，要确定各种不同性质的工业用地，如机械、制造工业等，并将各类工业分别布置在不同的地段，形成各个工业区。由于工业区的形成条件和所处的位置不同，可将其分为三种类型：城市工业区、矿山工业区及以大型联合企业为主体的工业区。

按城市功能分区要求，应将城市工业集中布置，形成城市工业区。城市工业区是依托于城市而形成的工业区，是城市功能分区的组成部分，也是现代化城市的重要组成要素，其布局是城市规划的一项基本内容。城市工业区大部分是在优越的地理条件基础上逐步形成的，大多由加工工业企业群组成，其内部结构比较协调，并有紧密的生产联系，且生产性质往往体现城市经济的某种特征。

按工业企业群的生产性质可将城市工业区分为两类：一类是专业性工业区，如上海的钢铁工业区、北京的电子工业区、哈尔滨的动力机械工业区等；另一类是综合性工业区，主要是在一些中小型城市，如沈阳铁西工业区等。

① 工业

工业是社会分工发展的产物，经过手工业、机器大工业、现代工

业几个发展阶段。在古代社会，手工业只是农业的副业，经过漫长的历史过程后，工业是指采集原料，并把它们在工厂中生产成产品的工作和过程。

② 矿山

矿山包括煤矿、金属矿、非金属矿、建材矿和化学矿等，是开采矿石或生产矿物原料的场所，一般包括一个或几个露天采场、矿井和坑口，以及保证生产所需要的各种辅助车间。按矿山规模大小，可分为大型矿山、中型矿山和小型矿山。

③ 城市功能

城市是由多种复杂系统所构成的有机体。城市功能是城市存在的本质特征，是城市系统对外部环境的作用和秩序。城市主要功能有生产功能、服务功能、管理功能、协调功能、集散功能、创新功能。

▲ 首都钢铁厂

28 商业区域环境

▲ 王府井商业区

商业区是指零售商业聚集、交易频繁的地区，一般在大城市中心、交通路口、繁华街道两侧、大型公共设施周围，是本市居民购物的中心，也是外来旅客观光、购物的中心。它的特点是商店多，规模大，商品种类齐全，特别是中档商品和名优特种商品的品种多，可以满足消费者多方面的需要，向消费者提供最充足的商品选择余地。

一个地区内的商业区类型大体包括以下几种：中心商业区，是城市的零售中心，不仅店铺数量多，而且零售业态也多，缺点是拥挤、地价昂贵等。辅助商业区，其规模要小于中心商业区，多以综合型为

主，与中心商业区相比客流较少，地价不高。商业小区，主要有两种形式：一种是集客地周边的商业小区，如车站、大学等附近的小型商业街；另一种是居民区附近的商业小区。购物中心，强调各类商店的平衡配置，规定了各类零售商店的营业面积、经营品种及在购物中心内的具体位置。独立店区，优点是无竞争者、地价低、商店的具体位置也有较大的选择余地等，但它难以吸引顾客、广告费用较高、承担的公共费用也高。

中国原有的一些城市已形成了各具特色的商业区，如北京的王府井、大栅栏地区，上海的南京路、淮海路地区，天津的劝业场地区等。

①商业区选址

在对商业区进行分析、选择以后，还要对店铺的具体位置进行分析和选择。最佳的开设地点，主要是依据交通条件、客流情况、竞争店铺、地形特点及位置、城市规划及所得效益来进行分析的。

②零售业态

零售业态是销售市场向确定的顾客提供确定的商品和服务的具体形态，是零售企业为满足不同消费需求而形成的不同经营方式，为适应市场经济竞争的产物。

③商业事务区

商业事务区是商品经济高度发达的产物。它集中了商业、金融、保险、管理、服务、信息等各种机构，是城市经济活动的核心地带，其职能较一般的商业区复杂。

29 文化区域环境

文化区是具有某种共同文化属性的人群所占据的地区，在政治、社会或经济方面具有独特的统一体功能的空间单位。由于地区文化的差异，文化区这个概念应运而生。同一个文化区总有在文化上均一的共性，即使自然地理特征有很大的差异，但在文化特征方面仍具有共同的空间属性。同一个文化区具有相似的文化特质和文化复合体。

文化区一般可分为形式文化区和功能文化区。形式文化区是指一种或多种共同文化体系的人所居住的地区。区内有文化核心，某种文化从文化核心向外传播得越远，该文化体系越弱，所以分布区的边界不明显，往往呈一宽带，甚至与相邻的文化区有部分重叠。功能文化区是在政治上、社会上或经济上具有某种功能作用的地区，如一个行政区、教区或经济区等。它的功能作用范围比较明显，功能文化区有明确的边界。

文化区不一定与自然区重合，其范围也有大有小。一个文化区的重要性与它的范围大小无必然联系，且文化区的边界有虚有实，甚至发生重叠。中国的文化区，总体来说分为西北游牧文化区、北方农耕文化区、南方农耕文化区、青藏高原文化区等。

① 乡土文化区

乡土文化区是居住于某一地区的居民在思想感情上的一种共同的

区域自我意识。这种自我意识除在感情上有所反映外，有的还以一种符号作标志。它既无一致的文化体系，也无实现某种功能的组织，只能根据流行文化或民间文化的地区间差异特征来划分。

② 政治文化区

政治文化区是政治地理学所研究的文化区，既包括功能文化区，又包括形式文化区。政治单位可分国际级的、国家级的和国内级的三类，由于其都有具体的中心实体，有明确的边界，故属于功能区，而由于种种原因，其空间分布必然反映出强弱与异同，所以也属于形式文化区。

③ 文化源地

文化源地通常指人类文化和古代文明的起源和发祥地。它往往随农业社会的起源和农业文化的传播而形成。它的形成必须拥有具备集约农耕条件以提高农业生产率的地理区域，而且还需要若干种自然资源优势和农业生产条件的配合。

▲ 中华回乡文化园

30 交通枢纽区域环境

交通枢纽又称运输枢纽，是几种运输方式或几条运输干线交会并能办理客货运输作业的各种技术设备的综合体。一般由港口、车站、机场和各类运输线路、库场以及运输工具的装卸、中转、到发、联运、编解、保养、维修、安全、导航和物资供应等项设施组成，是综合运输网的重要环节。交通枢纽所在的区域便属于交通枢纽区。

交通枢纽可按汇集的主要运输方式分为以下几种：铁路公路河海

▲ 繁忙的港口

枢纽，如天津、上海、纽约、汉堡；铁路公路内河枢纽，如武汉、南京、法兰克福、莫斯科；铁路公路航空枢纽，如北京、巴黎、东京；内河公路枢纽，多为中小城市。由同种运输方式，两条以上干线组成的枢纽为单一枢纽；由两种以上运输方式的干线组成的枢纽为综合枢纽。影响这些交通枢纽形成的主要因素有地形、水文等自然条件，生产和贸易的结构和水平、工业企业的分布等经济条件，历史交通线的基础，运输技术的发展，大宗客货流的集散。

中国主要的交通枢纽区有北京、上海、广州、深圳、武汉、重庆、郑州、成都以及西安。

①港口

港口是具有水陆联运设备和条件，供船舶安全进出和停泊的运输枢纽。它是水陆交通的集结点和枢纽，工农业产品和外贸进出口物资的集散地，船舶停泊、装卸货物、上下旅客、补充给养的场所。

②导航

导航是引导某一设备，按指定航线从一点运动到另一点的方法。导航分两类：自主式导航，用于飞行器或船舶上的设备导航；非自主式导航，用于飞行器、船舶、汽车等交通设备与有关的地面或空中设备相配合的导航。

③贸易

贸易也被称为商业，是自愿的货品或服务交换，是在一个市场里面进行的。最原始的贸易形式是以物易物，即直接交换货品或服务；现代的贸易则普遍以一种媒介作讨价还价，如金钱。

31 旅游区域环境

旅游区域环境是主要作为观赏、娱乐、休息和疗养的场所，大部分都处于景色秀丽的自然区域环境中，并附有人工建筑物和各种居住、体育、文化娱乐、医学、交通等生活服务设施。

顾名思义，旅游区域环境是用于区域旅游的。区域旅游的发展不仅可以带动一个地区的经济发展，而且对技术、文化的交流也起着很大的促进作用。制约一个地区区域旅游发展的一个重要因素是交通条件。旅游过程中，在交通中花费的时间是很多的，所以，如果交通条件不便利，那么就会大大影响区域旅游的发展。行政区划的局限也是旅游发展的重要制约。经济的发展和市场的发育，行政区划的影响，对区域旅游的发展造成一种制约。

中国提出区域旅游发展的时间比较长，最早是在上海，当时提出这一概念是因为借鉴了国际上的经验。中国如今有许多旅游区域环境都是世界著名的，如广西的桂林、杭州的西湖、安徽的黄山等。

① 行政区划

行政区划就是国家为了进行分级管理而实行的国土、政治和行政权力的划分。行政区划的层级与一个国家的中央地方关系模式、国土面积的大小、政府与公众的关系状况等因素有关。

▲ 桂林漓江

② 市场的分割

市场分割就是指营销者通过市场调研，依据消费者的需要和欲望、购买行为和购买习惯等方面的差异，把某一产品的市场整体划分为若干消费者群的市场分类过程。

③ 西湖

杭州西湖位于浙江省杭州市的西部，以其秀丽的湖光山色和众多的名胜古迹而闻名中外，是中国著名的旅游胜地，也被誉为“人间天堂”。

32 环境的结构

▲ 雪山

人类的生活环境从狭义上说，就是人类居住的地球表层。这里充满了空气、水和岩石（包括土壤）等物质。科学家们把地球表面分为四个圈层，即大气圈、水圈、岩石圈，以及在这三个圈层的交会处适宜生物生存的生物圈。这四个圈层主要在太阳能的作用下进行着物质循环和能量流动。在一种和谐的气氛中，自然界呈现出万物峥嵘、生生不息的景象。

其中大气圈可分对流层、平流层、中间层和热层。对流层与人类生活的关系非常密切，发生着云、雾、雨、雪、雹、雷、电等天气现象。平流层中的臭氧层是地球的保护伞，保护生命不受紫外线辐射的

伤害。中间层和热层距离我们较远，但仍影响着整个大气的组成和存在状况。

人类生存必备的除了空气还有水，自然界中的水在太阳辐射的影响下不断地进行循环。在太阳热能作用下，水从海面、河湖水面、陆地表面和植物叶面不断蒸发和蒸腾，变成水汽进入大气层中，在适当条件下，形成雨、雪、雹等形式回到大地，这就是水的循环。水资源虽是不断循环的，但并不是用之不竭的，合理开发利用有限的淡水资源，对于保持良好的生态环境及人类的休养生息是十分重要的。

① 生物圈

根据目前的认识，生物圈是在海平面以下深度约11千米到海平面以上十几千米的范围内。生物圈通常分为三层，上层是大气圈的一部分，中层是水圈，下层是岩石圈的一部分。这三层构成了地球上生命活动的主要阵地。

② 水圈

组成水圈的水体有海洋、河流、冰川、沼泽和地下水。水体的总量可达1.36×10^9立方千米。其中97%集中在海洋，其次为极地的冰盖和高山上的冰川，约占总水量的2.38%，河流和湖泊中的水只占0.02%，地下水占0.6%。

③ 蒸发量

水由液态或固态转变成气态并逸入大气中的过程称为蒸发。在一定时段内，水分经由蒸发而散布到空中的量就是蒸发量。一般湿度越小、温度越高、气压越低、风速越大则蒸发量就越大，反之蒸发量就越小。一个少雨地区，如果蒸发量很大，则易产生干旱。

33 环境效应（一）

由于自然环境的演变或者人类活动引起环境发生变化，都称为环境效应。无论是自然环境自身的演变，还是人为的环境变化，最终都会使环境在生物、化学和物理方面发生改变。

当环境发生变异，生态系统也会随着发生变异，这就是环境生物效应。例如，现代大型水利工程的修建，使江河中鱼、虾、蟹的洄游途径被切断了，使它们的繁殖受到影响。长江葛洲坝水电站建成后，阻止了中华鲟的洄游产卵。工业废水大量排入江河、湖泊和海洋，改变了水体的物理、化学和生物条件，致使鱼类受害，数量减少，甚至灭绝。森林的砍伐，一方面引起水土流失，降低了土地的肥力，产生干旱、风沙等灾害使农业减产；另一方面使鸟类的栖息场所缩减，鸟类减少，虫害增多。

生物效应引起的后果有急性的和慢性的两种。急性的如某种细菌传播引起疾病的流行；慢性的如日本汞污染引起的水俣病和镉污染引起的痛痛病都是经过几十年才出现的。由此可见，环境生物效应关系到人和生物的生存和发展，已引起了科学家和社会的高度重视。

① 水利工程

水利工程又称水工程，是用于控制和调配自然界的地表水和地下

水，为达到除害兴利目的而修建的工程。水利工程需要修建坝、堤、溢洪道、水闸、进水口、渡槽、筏道、鱼道等不同类型的水工建筑物，以控制水流，防治洪涝灾害，并进行水量的调节和分配以满足人民生活和生产对水资源的需要。

② 水电站

水电站是利用水力发电将水能转换为电能的综合工程设施。水力发电是研究将水能转换为电能的工程建设和生产运行等技术经济问题的科学技术。水电站一般包括由挡水、泄水建筑物形成的水库和水电站引水系统、发电厂房、机电设备等。

③ 鱼类洄游

鱼类洄游是鱼类因生理要求、遗传和外界环境因素等影响而进行的周期性的定向往返移动。洄游是一种周期性运动，是鱼类对环境的一种长期适应，它能使种群获得更有利的生存条件，可以更好地繁衍后代。

▲ 葛洲坝

34 环境效应（二）

在各种环境条件的影响下，物质之间的化学反应所引起的环境效果，即环境化学效应，如环境的酸化、土壤的盐碱化、地下水硬度的升高、光化学烟雾的发生等。环境酸化主要是酸雨造成的地面水体和土壤的酸度增大，从而降低土地肥力，侵蚀石刻雕像、大理石建筑、金属屋顶、桥梁、铁路，使环境质量下降。环境碱化可造成土壤碱化，使作物生长受阻，农业减产。地下水硬度增高，会增加水处理的人力和物力消耗。光化学烟雾是大气光化学效应的产物，它会使大气环境恶化，直接危害人体健康和生物的生长，是当今的一大灾害。

▲ 被侵蚀的石刻雕像

环境物理效应是由物理作用引起的环境效果，

如热岛效应、温室效应、噪声、地面沉降等。城市和工业区因燃料的燃烧，放出大量的热量，再加上建筑群和街道的辐射热量，致使城市的气温高于周围地带，产生热岛效应。大气中二氧化碳含量不断增加，大量吸收红外线，导致地表的热量无法向空中散发，造成温度升高，形成温室效应。工业烟尘和风沙的增加，引起大气混浊度增大，能见度降低，从而和二氧化碳一起影响城区辐射的平衡。

① 土壤盐碱化

土壤盐碱化又称土壤盐渍化或土壤盐化，是指土壤含盐太高而使农作物低产或不能生长的现象。土壤中盐分的主要来源是风化产物和含盐的地下水，灌溉水含盐和施用生理碱性肥料也可使土壤中盐分增加。土壤盐碱化后，会导致土壤溶液的渗透压增大，土体通气性、透水性变差，养分有效性降低。

② 二氧化碳

二氧化碳是空气中常见的化合物，约占空气总体积的0.039%。其常温下是一种无色、无味的气体，密度比空气略大，能溶于水形成一种弱酸——碳酸。固态二氧化碳俗称干冰，常用来制造舞台的烟雾效果。

③ 红外线

红外线是太阳光线中众多不可见光线中的一种，由英国科学家霍胥尔于1800年发现，又称为红外热辐射。所有高于绝对零度（−273.15℃）的物质都可以产生红外线，现代物理学称之为热射线。医用红外线可分为近红外线与远红外线两类。

35 环境的物理净化

当环境受到污染后，在生物、化学和物理作用下，逐步消除污染物，达到自然净化的过程，就称为环境自净。这就好比人感冒了，不打针，不吃药，靠自身抵抗病毒的作用，感冒自然而然地好了。

环境自净的物理作用有稀释、扩散、淋洗、挥发、沉降等。如含有烟尘的大气，通过气流的扩散、降水的淋洗、重力的沉降等作用而得到净化，混浊的污水进入江河湖海后，通过物理的吸附、沉淀和水流的稀释、扩散等作用，水体恢复到清洁的状态；土壤中挥发性污染物如酚、氰、汞等，通过挥发作用，含量逐渐降低。

物理净化能力的强弱，取决于环境的物理条件和污染物本身的物理性质。环境的物理条件包括温度、风速、雨量等。污染物本身的物理性质包括形态、粒度等。此外，地形、地貌、水文条件对物理净化作用也有重要的影响。温度的升高有利于污染物的挥发，风速增大有利于大气污染物的扩散，水体中所含的黏土矿物多，有利于吸附和沉淀。

① 污染物

污染物是指进入环境后能够直接或者间接危害人类的物质。污染物的作用对象是包括人在内的所有生物。污染物往往本是生产中的有用物质，有的甚至是人和生物必需的营养元素，但如没有充分利用而

大量排放，或不加以回收和重复利用，就会成为环境中的污染物。

▲ 机载降水测量雷达

② 扩散

扩散是指物质分子从高浓度区域向低浓度区域转移直到均匀分布的现象。扩散种类很多，有生物学扩散、化学扩散、物理学扩散等。扩散的状态大体不相同，有些扩散需要介质，而有些则需要能量，因此不能将不同种类的扩散一概而论。

③ 挥发

挥发是一种液体成分在没有达到沸点的情况下成为气体分子逸出液面的现象。大多数溶液都存在挥发现象，因为它们分子间的吸引力相对较小，并且在做着永不停息的无规则的运动。溶液中不同的溶质表现出不同的挥发性。

36 化学净化和生物净化

环境净化的化学反应有氧化和还原、化合和分解、吸附、凝聚、交换、络合等。如某些有机污染物经氧化还原作用，最后生成水和二氧化碳等；水中铜、铅、汞等重金属离子与硫离子化合，生成难溶的硫化物沉淀；铁、锰、铝的水合物和黏土矿物、腐殖酸等，对重金属离子的化学吸附和凝聚作用，土壤和沉积物中的代换作用等，均属环境的化学净化。

影响化学净化的环境因素有酸碱度、氧化还原电势、温度和化学组分等。污染物本身的形态和化学性质对化学净化也有重大的影响。温热环境的自净能力比寒冷环境好得多。氧化还原电势值对变价元素

▲ 进行光合作用的植物

的净化有重要的影响。

生物净化即通过生物的吸收、降解作用使环境污染物的浓度和毒性降低或消失。植物能吸收土壤中的酚、氰，并在体内转化为酚糖苷和氰糖苷，球衣菌可以把酚、氰分解为二氧化碳和水。绿色植物可以吸收二氧化碳，放出氧气。凤眼莲可以吸收水中的汞、砷等化学污染物，从而净化水体。

在温暖、湿润、养料充足、供氧良好的环境中，植物的吸收净化能力强。生物种类不同，对污染物的净化能力也有很大差异。有机污染物的净化主要依靠微生物的降解作用。

①氧化反应

氧化反应就是物质与氧发生的反应。一般物质与氧气发生反应时放热，个别可能吸热，如氮气与氧气的反应。氧化反应有时剧烈，有时缓慢。物质的燃烧、金属生锈、动植物呼吸都属于氧化反应。

②腐殖酸

腐殖酸是自然界中广泛存在的大分子有机物质，被广泛应用于农林牧、石油、化工、建材、医药卫生、环保等领域，横跨几十个行业。人类的生活和生存离不开腐殖酸。腐殖酸的加工与利用产业是一个发展中的有希望的朝阳产业，属于一个新型的特殊行业。

③微生物降解作用

微生物降解作用是指微生物的分解作用，有可能是微生物的有氧呼吸，也有可能是无氧呼吸。由于化学降解有机物会产生许多有害或者有毒物质，所以人们将微生物用于有机物的降解，这样可以减少化学降解产生的负面影响。

37 环境本底值

环境本底值又称环境背景值，它是指环境未受污染的情况下，处于原有状态时，环境中的水、大气、土壤、生物等环境要素在自然界存在和发展过程中本来的面目和特征。这应该是一个不受人为影响，反映原有自然面貌的数值。但是，在目前全球受到污染的情况下，要寻找测得这种本底值是十分困难的，因而环境本底值实际上是一个相对的概念，是相对于不受污染的情况下，环境各要素的基本化学组成。

例如，未受污染的大气，部分所含成分的比例为：氮占78.09%，氧占20.94%，氩占0.93%，二氧化碳为0.032%，一氧化碳小于0.0001%，颗粒物质每立方米为10～20微克，等等。一般土壤中汞为0.000 1%，砷为0.000 6%。天然水中铬为每升0.007～0.013毫克，氟为每升0.15～0.41毫克。

同一环境要素在不同的地理地质环境中，自然背景值是不同的。因此，需要在调查研究、监测统计的基础上，绘制出每一个地区的各种环境要素中的若干元素或其他因素的背景值图，供科研和环境质量评价用。

① 大气

大气从环境学角度来看，指包围地球的气体，也泛指包围其他星

球的气体。生活中常用的意思有：呼出的粗气，大方，盛大宏伟的气势等。

②一氧化碳

一氧化碳是一种无色无臭、无刺激性的气体，在水中的溶解度甚低，但易溶于氨水。一氧化碳具有毒性，进入人体之后会和血液中的血红蛋白结合，进而使血红蛋白不能与氧气结合，从而引起机体组织缺氧，导致人窒息死亡。

③土壤

土壤是指覆盖于地球陆地表面，具有肥力特征的，能够生长绿色植物的疏松物质层。它是由岩石风化而成的矿物质、动植物和微生物残体腐解产生的有机质、土壤生物、水分、空气等组成的。

▲ 大气采样器

38 环境容量

▲ 环境监测仪

环境容量是指在不影响环境的正常功能或用途的情况下，承受污染物的最大允许量或能力，或者说是指在维持生态平衡和不超过人体健康阈值的情况下，环境所能承受的污染物的总量。

环境容量是制定环境标准的主要依据之一，是通过生态学、生态毒理学的研究而得出的数据。环境容量的制定是以污染物对生物和人体健康阈值作为依据的，而环境标准又是以环境容量作为依据的。由于受经济技术条件的制约，往往根据当前的经济技术条件来制定环

境标准。我们知道，环境标准是环保立法、执法的依据，是达到某种环境目的的手段，因此，制定环境标准暂时不得不以经济技术条件为主，结合生理学的要求，然后随着经济技术的发展，逐步严格标准，最终达到生理学的要求。

环境容量包括绝对容量和年容量。绝对容量指某一环境所能容纳某种污染物的最大负荷量，绝对容量没有时间限制，即与年限无关。年容量指某一环境在污染物的积累浓度不超过环境标准规定的最大容许值的情况下，每年所能容纳的某污染物的最大负荷量。

① 生态平衡

生态平衡是指在一定时间内生态系统中的生物和环境之间、生物各个种群之间，通过能量流动、物质循环和信息传递，使它们相互之间达到高度适应、协调和统一的状态。

② 生态毒理学

生态毒理学是研究化学物质对生态系统中生物群落所产生的毒性毒理学影响，污染物在环境中的行为及其与环境因素相互作用的学科。

③ 环境标准

环境标准是为了保护人群健康，防治环境污染，促使生态良性循环，合理利用资源，促进经济发展，依据环境保护法和有关政策，对有关环境的各项工作所做的规定。

39 环境污染

环境污染就是介入环境中的污染物超过了环境容量，使环境丧失自净能力，导致生态平衡破坏、环境特征改变等不良影响，从而直接地或间接地对人体健康或生产、生活活动产生一定危害或影响的现象。

环境污染的种类很多：从污染影响的范围大小来说，有点源污染、面源污染、区域污染、全球污染等；从被污染的客体来说，有大气污染、水体污染、土壤污染、食品污染等；从污染影响的程度来说，有轻度污染、中度污染、重度污染、严重污染等。

污染环境的污染物有很多：从污染物的性质看，可分为反应污染物质和非反应污染物质两大类。介入环境中的反应污染物，在诸多因

▲ 水体污染

素的作用与影响下，发生理化或生化等化学反应，生成比原来毒性更强的新污染物质，所生成的污染物质叫作二次污染物。按污染物的产生原因，可分为自然污染物和人工污染物两类。自然污染物，如岩石中所含的汞、铅、放射性元素等，在地壳变动过程中释放出来，造成大气、水体等污染；人工污染物，则是在人类的生产、生活活动中产生的，例如废水、垃圾等所含的各种化学物质。

污染物具有毒性、扩散性、积累性、活性、持久性和生物可降解性等方面的特征，而且多种污染物之间还有颉颃和协同作用。

① 食品污染

食品污染是指食品及其原料在生产和加工过程中，因废水、农药、污水、各种食品添加剂及病虫害和家畜疫病所引起的污染。食品污染分为生物性污染、化学性污染和物理性污染。防止食品污染，不仅要注意饮食卫生，还要从各个细节着手，只有这样，才能从根本上解决问题。

② 放射性

某些物质的原子核能发生衰变，会放出我们肉眼看不见也感觉不到的，只能用专门的仪器才能探测到的射线，物质的这种性质叫放射性。放射性物质不仅会污染环境，在大剂量的照射下，还对人体和动物存在着某种伤害作用，严重的会导致死亡。

③ 地壳变动

地壳自形成以来，其结构和表面形态就在不断发生变化。岩石的变形、海陆的变迁以及千姿百态的地表形态，都是地壳变动的结果，如岩层断裂、地震、风化剥蚀露出地表等。地壳变动有时进行得很激烈、很迅速，有时进行得十分缓慢，难以被人们察觉。

40 空气污染

如果空气中有一种或多种物质，其存在的量、性质以及时间会伤害人类或其他生物的生命，损害财物或干扰生活环境的舒适度（如能见度很低、臭味的存在等），我们就可以称其为空气污染物。由于空气污染物的存在而导致的一些现象，便是空气污染。

空气污染物可分为四大类，即气状污染物，如一氧化碳、氮氧化物等；粒状污染物，如酸雾、落尘等；二次污染物，如光化学雾、光化学性高氧化物等；恶臭物质，如氯气、硫化氢等。这些空气污染物主要有以下几个来源：工业生产排放到大气中的各种烟尘、氮、硫氧化物等气体；城市中大量民用生活炉灶和采暖锅炉需要消耗大量煤炭，煤炭在燃烧过程中释放大量的灰尘、二氧化硫等有害物质；汽车、火车等交通工具烧煤或石油产生的废气；森林火灾产生的烟雾。

日益严重的空气污染，不仅直接影响人体健康，对动植物产生危害，而且对天气和气候的影响也十分显著。防治空气污染，最直接的措施就是减少污染物的排放量，并改革能源结构，多采用无污染能源（如太阳能、水力发电等）。在控制排放量的同时应充分利用大气自净能力，绿化造林，合理规划工业区，并加强对大气保护的宣传教育。

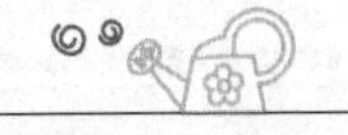

① 酸雾

酸雾是指雾状的酸类物质。在空气中，酸雾的颗粒很小，比水雾

的颗粒要小，比烟的湿度要高，是介于烟气与水雾之间的物质，具有较强的腐蚀性。其中包括硫酸、硝酸、盐酸等无机酸和甲酸、乙酸、丙酸等有机酸所形成的酸雾。

② 落尘

落尘又称降尘，指空气动力学当量直径大于10微米的固体颗粒物。在空气中沉降较快，故不易吸入呼吸道，但易导致土地沙化，其自然沉降能力主要取决于自重和粒径大小。落尘含量是反映大气尘粒污染程度的主要指标之一。

③ 光化学雾

光化学雾又称光化学烟雾，是一种淡蓝色的烟雾，主要来源于汽车尾气和工厂废气中包含的大量氮氧化物和碳氢化合物。这些气体在阳光和紫外线的作用下，发生光热化学反应后形成氧化剂。这种雾的毒性很大，在干旱少雨、阳光强烈的气象条件下容易形成。

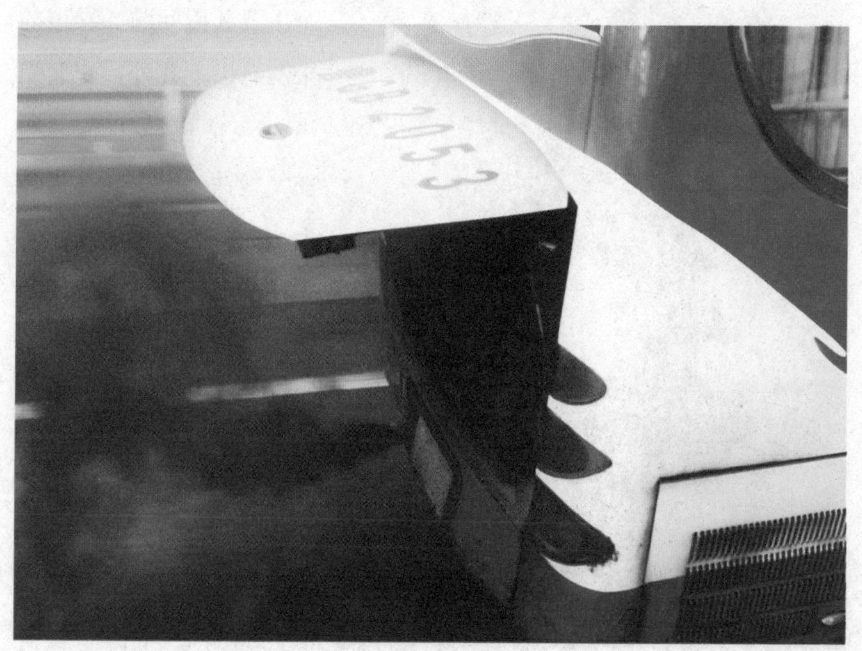

▲ 汽车尾气污染

41 噪声污染

噪声一般是指发声体做无规则振动时发出的声音，从环保的角度上来说，凡是影响人们正常的学习、生活、休息等的一切声音，都称之为噪声。当噪声对人及周围环境造成不良影响时，就形成噪声污染。

▲ 建筑机械

噪声污染与水污染、大气污染、固体废弃物污染被看成是世界范围内四个主要环境问题。噪声的来源有以下几种：交通噪声，包括机动车辆、船舶、地铁、火车、飞机等发出的噪声；工业噪声，工厂的各种设备产生的噪声；建筑噪声，主要来源于建筑机械发出的噪声；社会噪声，人们的社会活动和家用电器、音响设备等发出的噪声；家庭生活噪声等。

噪声污染对人、动

物、仪器仪表以及建筑物均会构成危害，其危害程度主要取决于噪声的频率、强度及暴露时间。可以通过降低声源噪声来控制噪声污染，对于已产生的噪声，可在传音途径上加以降低，控制其传播，或改变声源已经发出的噪声传播途径。如果无法在声源和传播途径上采取措施，对受音者或受音器官进行噪声防护，也是必要的措施。

① 声波

声以波的形式传播着，我们称其为声波。声波借助各种介质（空气、水、金属、木头等）向四面八方传播。声波是一种纵波，是弹性介质中传播着的压力振动，但在固体中传播时，也可以同时有纵波和横波。声音在真空中是不能传播的。

② 频率

频率，是单位时间内完成振动的次数，是描述振动物体往复运动频繁程度的量。每个物体都有由它本身性质决定的与振幅无关的频率，叫作固有频率。频率概念不仅在声学中应用，在电磁学等技术中也常用。交变电流在单位时间内完成周期性变化的次数，就叫作电流的频率。

③ 噪声的利用

虽然噪声是世界四大公害之一，但它还是有用处的。不同的植物对不同的噪声敏感程度不一样，根据这个道理，可制造出噪声除草器；噪声还可以治病，并且能抑制癌细胞的增长；噪声还可被用来测量温度。

42 核污染

核污染主要指核物质泄漏后的遗留物对环境的破坏，包括原子尘埃、核辐射等本身引起的污染和这些物质污染环境后带来的次生污染，如被核物质污染的土壤、水源对动植物及人类的伤害。

核武器实验、使用，核电站泄漏，工业或医疗上使用的核物质遗失等都是核污染的来源。核爆炸产生的放射性核素可以对周围产生很

▲ 海南核电站建设

强的辐射，放射性沉降物还可以通过食物链进入人体，在体内达到一定剂量时就会产生有害作用，损害人体健康，使人产生头疼等症状。如果超剂量的放射性物质长期作用于人体，则会使人患上肿瘤、白血病及遗传障碍。放射性物质不仅沉降在爆炸点附近，还能飘落到非常遥远的地方，而且它对环境的辐射污染时间相当长，几千年甚至上万年都不会消失。

为达到对核污染的防治，应严格控制能引起核污染的原料的生产加工，使用核能源要确定其安全性，避免核战争，并通过立法限制核的使用和核原料的买卖、交易，加快核能的科技研究，更深入地了解其原理，以便更好地掌握和利用核能。

① 核电站

核电站是利用核分裂或核融合反应所释放的能量产生电能的发电厂。商业运转中的核能发电厂一般都是利用核分裂反应而发电。

② 核武器

核武器是利用能自持进行核裂变或聚变反应释放的能量，产生爆炸作用，并具有大规模杀伤破坏效应的武器的总称。包括氢弹、原子弹、中子弹、三相弹、反物质弹等。

③ 放射性物质

放射性物质是那些能自然地向外辐射能量，发出射线的物质。一般都是原子质量很高的金属，像钚、铀等。放射性物质放出的射线有三种，分别是α射线、β射线和γ射线。

43 光污染

国际天文界最早认为，光污染是城市室外照明使天空发亮造成对天文观测的负面的影响。如今一般认为，光污染泛指影响自然环境，对人类正常工作、生活、娱乐和休息带来不利影响，损害人们观察物体的能力，引起人体不舒适感和损害人体健康的各种光。

光污染在国际上一般分为三类，即白亮污染、人工白昼、彩光污染。阳光照射强烈时，城市里建筑物的磨光大理石、玻璃幕墙和各种涂料等装饰反射的光线白亮刺眼。长时间在这种白色光亮污染环境下工作和生活的人，视网膜和虹膜都会受到程度不同的损害，还会出现头晕、食欲下降等症状。夜幕降临后，商场、酒店上的广告灯、霓虹灯闪烁夺目，使得夜晚如同白天一样，让人在夜晚难以入睡，扰乱人体正常的生物钟，导致白天工作效率低下。舞厅、夜总会安装的黑光灯、旋转灯等彩色光源构成了彩光污染。此类彩光可诱发流鼻血、白内障，甚至导致癌变。

为防止光污染对人体、生活产生影响，应加强城市规划和管理，改善工厂照明条件等，以减少光污染的来源，对有红外线和紫外线污染的场所采取必要的安全防护措施，并采用个人防护措施，如戴防护眼镜和防护面罩等。

▲ 霓虹灯闪烁的夜晚

① 眩光污染

汽车夜间行驶时照明用的头灯，厂房中不合理的照明布置等都会造成眩光。某些工作场所，例如火车站和机场以及自动化企业的中央控制室，过多或过分复杂的信号灯系统也会造成工作人员视觉锐度的下降，从而影响工作效率。

② 激光污染

激光污染是光污染的一种特殊形式，由于激光具有方向性好、能量集中、颜色纯等特点，而且通过人眼晶状体的聚焦作用后，到达眼底时的光强度可增大几百至几万倍，所以对人眼有较大的伤害作用。

③ 霓虹灯

霓虹灯是城市的美容师，每当夜幕降临，华灯初上，五颜六色的霓虹灯就把城市装扮得格外美丽。霓虹灯具有效率高、温度低、耗能少、寿命长、制作灵活、色彩多样、动感强等特点，但它也是造成光污染的元凶之一。

44 水体污染

▲ 工业污水处理

水体污染是污染物进入河流、海洋、湖泊或地下水等水体后，使水体的水质和水体沉积物的物理性质、化学性质或生物群落组成发生变化，从而降低了水体的使用价值和使用功能的现象。

水体污染的原因有两类：一类是自然污染，由于雨水对各种矿石的溶解作用所产生的天然矿毒水，还有由于火山爆发或干旱地区的风蚀作用，所产生的大量灰尘落入水体而引起的水污染等；另一类是人

为污染，即人类生产、生活活动向水体排放大量的工业废水、生活污水和各种废弃物而造成的水质恶化。后者的影响是主要的、严重的。

水污染危害极大。污水中的致病微生物、病毒等可引起传染病的蔓延；水中的有毒物质可使人畜中毒，甚至死亡；严重的水污染可使鱼虾大量死亡，给渔业生产带来巨大损失；污水还污染农作物和农田，使农业减产；水污染还造成其他环境条件的下降，影响人们的游览和休养等。所以应减少废水和污染物的排放量，妥善处理城市及工业废水并加强监督管理，以达到对水体污染的防治。

① 水质

水质就是水的质量，它标志着水体的物理（如色度、浊度、臭味等）、化学（无机物和有机物的含量）和生物（细菌、微生物、浮游生物、底栖生物）的特性及其组成的状况。

② 微生物

微生物是包括病毒、细菌、真菌以及一些小型的原生动物、显微藻类等在内的一大类生物群体。它们个体微小，却与人类生活关系密切，广泛涉及健康、食品、医药、工农业、环保等诸多领域。目前世界上已知最大的微生物可达600微米。

③ 渔业

渔业是人类利用水域中生物的物质转化功能，通过捕捞、养殖和加工，以取得水产品的社会产业部门。一般分为海洋渔业、淡水渔业。中国拥有1.8万多千米的海岸线，20万平方千米的淡水水域，1000多种经济价值较高的水产动植物，发展渔业有良好的自然条件和广阔的前景。

45 土壤污染

土壤污染是由于土壤污染物质的进入，土壤的正常功能被妨碍，作物产量和质量降低的现象。随着工业的迅猛发展，人口的急剧增长，固体废物不断被倾倒和堆放到土壤表面，有害物质不断向土壤中渗透，大气中的有害气体及飘尘也不断随雨水降落到土壤当中，致使土壤污染越来越严重。

土壤污染物可分为下列四类。物理污染物，指来自工厂、矿山的固体废弃物，如尾矿、废石和工业垃圾等。化学污染物，包括无机污染物和有机污染物，前者如汞、砷等重金属，过量的氮、磷植物营养元素以及氧化物和硫化物等；后者如各种化学农药、石油及其裂解产物，以及其他各类有机合成产物等。放射性污染物，主要存在于核原料开采和大气层核爆炸地区，以锶和铯等在土壤中生存期长的放射性元素为主。生物污染物，指带有各种病菌的城市垃圾和由卫生设施排出的废水、废物以及厩肥等。

土壤污染不仅影响地区的经济发展，还直接或间接地影响人体健康。所以，应科学地进行污水灌溉，合理利用农药、施用化肥，并尽量施用化学改良剂，力求对土壤污染达到有效的防治。

① 固体废物

固体废物是指人类在生产和生活活动中丢弃的固体和泥状的物质，包括城市生活垃圾、农业废弃物和工业废渣。固体废物是环境的污染源，除了直接污染外，还经常以水、大气和土壤为媒介污染环境。

② 有机污染物

有机污染物是指由以碳水化合物、蛋白质、氨基酸、脂肪等形式存在的天然有机物质，以及某些其他可生物降解的人工合成有机物质组成的污染物。

③ 污水灌溉

污水灌溉是指以经过处理并达到灌溉水质标准要求的污水为水源所进行的灌溉。污水主要来源于生活污水和工业污水。

▲ 尾矿

46 臭氧层空洞

臭氧层空洞是大气平流层中臭氧浓度大量减少的空域。臭氧是有特殊臭味的淡蓝色气体，具有极强的氧化性，能漂白和消毒杀菌，从地面到70千米的高空都有分布。臭氧层是大气平流层中臭氧最浓之处，是地球的一个保护层，太阳紫外线辐射大部被其吸收。

科学家认为臭氧层空洞是使用氟利昂的结果。氟利昂由碳、氯、氟组成，其中的氯离子释放出来进入大气后，能反复破坏臭氧分子，

▲ 火山

自己仍保持原状，因此尽管其量甚微，也能使臭氧分子减少以致形成“空洞”。当然，太阳活动周期、火山活动、区域天气变动等自然现象也有可能引起臭氧层空洞。

臭氧层被破坏的后果很严重，对人体健康、动植物生长、水生生态系统、各种材料都有影响，并且影响着对流层大气组成和空气的质量。臭氧层空洞也是地球所面临的危机，已引起人们的高度重视。人们研究了一系列防治臭氧层空洞的措施，如改变城市能源结构，提高能源使用率，增加核能和可再生能源的使用比例，减少森林破坏等。

① 平流层

平流层位于对流层之上，离地表高度10～50千米的区域，但由于极地的地面气温相对较低，故极地的平流层出现的高度较低。

② 紫外线

紫外线属于物理学光线的一种，自然界的主要紫外线光源是太阳。紫外线在生活、医疗以及工农业等领域都被有效利用。它能使照相底片感光，可用来制作诱杀害虫的黑光灯，能杀菌、消毒、治疗皮肤病等。

③ 国际保护臭氧层日

1995年1月23日，联合国大会通过决议，确定从1995年开始，将每年的9月16日定为“国际保护臭氧层日”。联合国大会确立“国际保护臭氧层日”的目的是纪念1987年9月16日签署的《关于消耗臭氧层物质的蒙特利尔议定书》。

47 酸雨

酸雨是指pH值小于5.6的雨雪或其他形式的降水。酸雨正式的名称为酸性沉降，它可分为湿沉降与干沉降两大类，前者指的是所有气状污染物或粒状污染物随着雨、雪、雾或雹等降水形态而落到地面，后者则是指在不下雨的日子，从空中降下来的落尘所带的酸性物质。

酸雨是一种复杂的大气化学和大气物理的现象，是工业高度发展而出现的副产物。人类大量使用石油、煤、天然气等化石燃料，这些燃料燃烧后产生的氮氧化物和硫氧化物，在大气中经过复杂的化学反应，形成硫酸或硝酸气溶胶，或被云、雨、雪、雾捕捉吸收，降到地面便成为酸雨。

造成酸雨的酸性物质，并不一定是人为造成的，海洋雾沫会夹带一些硫酸到空中；土壤中某些机体，如动物死尸和植物败叶在细菌作用下可分解某些硫化物，继而转化为二氧化硫；火山爆发可喷出大量的二氧化硫气体；雷电和干热引起的森林火灾也是一种天然硫氧化物排放源；高空雨云闪电有很强的能量，能使空气中的氮气和氧气部分化合生成一氧化二氮，继而在对流层中被氧化为二氧化氮。

① 雾

雾是在水汽充足、微风及大气层稳定的情况下，接近地面的空气

冷却至某程度时，空气中的水汽便会凝结成细微的水滴悬浮于空中，使地面水平能见度下降的一种天气现象。雾的种类有辐射雾、平流雾、混合雾、蒸发雾以及烟雾。

▲ 森林火灾

② 雹

雹是直径为5～10毫米的落向地面的冰球或冰块。直径小于5毫米的小冰雹又称冻雨或冰丸。冰雹是雷雨云中水汽凝华和水滴冻结相结合的产物。雹形成时需要有强上升气流的对流云（如积雨云），因此常伴有雷暴。

③ 对流层

对流层是地球大气层最下面，最靠近地面的一层，是地球大气层里密度最高的一层，蕴涵了整个大气层约75%的质量。它的高度是从地球表面向上算起，并因纬度的不同而不同，在低纬度地区高度为17～18千米，在中纬度的地区高度为10～12千米，在高纬度地区高度为8～9千米。

48 森林锐减

▲ 地上“悬河”——黄河

森林锐减是指人类过度采伐森林或自然灾害所造成的森林大量减少的现象。地球上的陆地面积大约是1.3亿平方千米，据推测，在人类开始从事农业以前，地球上有将近1/2的陆地被森林覆盖，但到今天，森林面积却仅占地球面积的1/5，之后也许更少。

历史上有许多与中国黄土高原有着相同命运的地方。曾经的黄土高原，那时的地是肥的，水是清的，森林是茂密的，风景是秀丽的。然而，如今的黄土高原已千沟万壑，不仅干旱、水土流失严重，黄河

在其区域还变成了高高在上的“悬河”。导致这一环境问题最主要的原因便是对林木无节制的乱砍滥伐。其次为了满足愈来愈多人对粮食的需求，越来越多的林地被开垦为耕地，大规模的放牧、采集薪材、越来越严重的空气污染，也都是导致森林锐减的缘由。

我们知道森林对于我们人类，甚至地球的重要性，那么要缓解、治理并防护森林的锐减，最直接的方法无疑是植树造林，对不适于耕作的农地进行退耕还林，控制开采、放牧等行为，并提升环境质量使其达到适宜森林成活的标准。

①悬河

悬河一词在水利科学中，又称地上河，是指河床高出两岸地面的河流。这一现象是河流中含沙量过高，河床不断被抬高所致，该区域水位相应上升，具有发生水患的危机。在生活中，悬河也指倾泻不止的瀑布或比喻讲起话来滔滔不绝的样子。

②退耕还林

退耕还林指把不适合耕作的农地有计划地转换为林地。退耕还林这一想法是从保护和改善生态环境出发的，将易造成水土流失的坡耕地有计划、有步骤地停止耕种，因地制宜地植树造林，恢复森林植被。

③放牧

放牧是家畜饲养方式之一，是使人工管护下的草食动物在草原上采食牧草并将其转化成畜产品的一种饲养方式，也是最经济、最适应家畜生理学和生物学特性的一种草原利用方式。适度的放牧不仅有益于家畜成长，还有益于牧草生长。

49 草原退化的自然因素

草原退化是一种受自然条件和人为活动影响，导致草原生物资源、土地资源、水资源和生态环境恶化，致使生产力下降的现象或过程。草原沙化、草原盐渍化及草原污染等都属于草原退化。

草原退化是全球性的环境生态问题。草原退化一般可分为三个阶段：初期，草群变矮，盖度、产量下降，这时如果给予草原适当的利用或休歇，短期内可望恢复；第二阶段，植被组成成分发生变化，低质、劣质杂草及毒草大量滋生，这时如果采取一定的管理措施，可在较长时间内恢复；最后阶段，生草土层完全被破坏，植物成分和生长环境都发生了变化，此时已难以恢复了。草原退化使产草量下降，牲畜供养量下降，与此同时，风沙、沙尘暴等灾害频发，并愈演愈烈。

导致草原退化的原因，一部分是自然因素，主要包括气候变化和水文动态变化，如干旱、火灾、风蚀、沙尘暴、水蚀、地表水和地下水减少、鼠虫害等。中国是草原退化较严重的国家，一部分原因就是中国草原所处的恶劣的自然条件，冬季严寒、夏季少雨、春季干旱，并且自然灾害频繁。

① 草原沙化

草原沙化就是草原环境状态逐渐向沙漠环境状态变化的过程。当草原土壤中水分不足以供给大量植物生长时，就会导致部分处于劣势

的植物死亡，如果草原持续处于干旱等恶劣自然条件下，其中的大部分，甚至全部植物将无法生存，这样持续恶性循环下去，草原最终会变成沙漠。

② 侵蚀

侵蚀是指在风、浪等因素的作用下，岸滩等暴露在外边或与这些因素相接触的部分，表面物质被逐渐剥落分离的过程。侵蚀作用是一种自然现象，可分为风化、磨蚀、溶解、浪蚀、腐蚀以及搬运作用。

③ 地下水

地下水是指埋藏和运动于地面以下各种不同深度含水层中的水。地下水是水资源的重要组成部分，由于其水质好，水量稳定，所以是农业灌溉、城市和工矿的重要水源之一。不过在一定的条件下，地下水的变化也会引起沼泽化、盐渍化、滑坡、地面沉降等不利的自然现象。

▲ 草原退化

50 草原退化的人为因素

虽然导致草原这个脆弱的生态系统退化的自然因素众多，但造成草原退化的人为因素却占主导地位。人类长期不合理的，甚至掠夺式的开发利用，如过度放牧、胡乱开垦、过度砍伐等，不断从草原带走大量物质，而草原却得不到及时的补偿，这违背了生态系统物质与能量平衡的基本原理，导致生态系统功能发生紊乱、失调，甚至衰退。

▲ 防护林

中国的草原地区是欧亚大陆草原的东段延伸部分，养活了上亿人口，承载着过亿头牲畜，交售了价值几百亿元的畜产品。然而，这些成果的代价就是中国草原以飞快的速度退化。

想要防止这种现象，必先改变那种认为草原是荒地，束缚着人们大脑的传统观念，充分认识并理解草原生态系统的重要性，提高人们自主保护草原的意识。草原地区应落实《环境保护法》《草原法》等一系列法律，保护牧场，严禁对草原的破坏行为，并控制人口增长，建设防护林，扩大种草、造林的面积。当然，任何治理并防护的措施都贵在坚持，要实现畜牧业的现代化，是一个长期奋斗的过程。

① 生态系统三大平衡

生态系统三大平衡包括能量平衡、物质循环平衡和生物链平衡。生态系统需要不断地与外界进行物质和能量的交换，这一交换有着自己的平衡状态，而地球上的生物在亿万年的进化中形成了完整的生物链，生物的种类与数量愈多，愈复杂，愈能有效地抵抗环境扰动，生物链平衡也愈高。

② 欧亚大陆

由于欧洲大陆和亚洲大陆是连在一起的，所以被合称为欧亚大陆，又称亚欧大陆。从板块构造学说来看，亚欧大陆由亚欧板块、印度板块、阿拉伯板块和东西伯利亚所在的北美板块所组成。

③ 防护林

防护林是为了防风固沙、保持水土、调节气候、涵养水源、减少污染所经营的天然林和人工林，它是中国林种分类中的一个主要林种。营造防护林时要根据“因地制宜、因需设防”的原则，并抚育管理。在防护林地区只能进行择伐，清除病腐木，并需及时更新。

51 湿地资源现状及保护

近年来，在人口的不断增长和经济发展的双重压力下，大量湿地被改造成农田，加上无节制的资源开发，大江大河流域水利工程的建设，城市建设与旅游业的盲目发展等对湿地的不合理利用，再加上污染，湿地面积正大幅度地缩小，湿地中的物种也受到严重的破坏。

▲ 湿地

湿地破坏的主要因素之一就是土壤破坏，人类不合理地使用土地，造成土壤酸化和其他形式的污染，这严重破坏了湿地内的生态环境。诸如水污染、空气污染等，造成了湿地乃至整个地球环境中成千上万的水生物及鸟类的死亡，大大破坏了物种的多样性。围湖、围海造田这一类经济活动则

直接减少了湿地面积。河流改道等水利工程，虽然对防洪、农业生产等做出了巨大贡献，但却影响了河流对湿地水量的补给作用。宝贵的湿地资源，就在这些因素的共同作用下，逐渐地萎缩着。

于是，警醒了的人们便开始研究并实施对湿地的恢复。湿地恢复是按照可行性原则、优先性和稀缺性原则、流域管理原则、美学原则等进行恢复的。

① 土壤酸化

土壤酸化就是土壤变为酸性的过程。酸化是风化成土过程的重要方面，但由于其酸性影响土壤中生物的活性，降低土壤养分的有效性，还会对作物产生毒害，所以土壤酸化一般来说，并不是一种有益的过程。酸雨便可导致土壤的酸化。

② 围海造田

围海造田又称围涂，是指在海滩和浅海上建造围堤阻隔海水，并排干围区积水使之成为陆地。围海造田的方式可有两种：一是在岸线以外的滩涂上直接筑堤围涂；二是对入海港湾内部的滩涂，先在港湾口门上筑堤堵港，然后再在滩涂上筑堤围涂。

③ 湿地恢复

湿地恢复是指通过生态技术或生态工程对退化或消失的湿地进行修复或重建，再现退化前的结构和功能，以及相关的物理、化学和生物学特性，使其发挥应有的作用。湿地恢复包括湿地的修复、湿地改建以及湿地重建。

52 土地荒漠化

荒漠化又称沙漠化，是指处于干旱和半干旱气候的原来非沙漠地区，受自然因素和人类活动的影响而引起生态系统的破坏，致使其出现类似沙漠环境的变化过程。

荒漠化现象可能是自然的，也可能是受人类活动影响而形成的。自然现象的荒漠化，是地球干燥带移动所产生的气候变化导致的局部地区荒漠化。而人类过度的放牧、农垦和樵采，以及对水资源不合理的利用，也是导致土地荒漠化的一大主要因素。当然，无论是在何种原因的影响下，有丰富的沙物质来源是沙漠化发生的基本物质基础。

土地的荒漠化加速了环境的恶化，严重威胁着动植物，甚至人类的生存环境。于是，防止土地荒漠化的对策与建议相继出现。专家提出，应调节农林牧渔的关系，合理利用水资源，采取综合措施，多途径解决当地能源问题，并利用生物和工程措施构筑防护林体系，控制人口增长，推进土壤保护制度与法规的颁布，退耕还林还草。然而，与众多防治措施相比，加强对荒漠化的认识则最为重要，毕竟预防永远比治理容易。

① 干旱气候

干旱气候又称沙漠气候，是沙漠地区的大陆性气候，因所处纬度不同又可分为热带沙漠气候、亚热带沙漠气候和温带沙漠气候三种类型。其主要特点是空气干燥，终年少雨或几乎无雨，气温日变化剧烈。

② 全球荒漠化状况

根据联合国环境与发展大会所准备报告的评估结果看，全球荒漠化面积已从1984年的3475万平方千米，增加到1991年的3592万平方千米，约占全球陆地面积的1/4，而全球每年有6万平方千米的土地变为荒漠，这已影响了全世界近1/6的人口和100多个国家和地区。

③ 中国荒漠化状况

中国是一个土地荒漠化严重的国家，根据中国国家林业局的监测报告，截至2009年年底，中国荒漠化土地达到262.37万平方千米，占国土面积的27%以上。虽然荒漠化如今整体得到初步遏制，但局部地区仍在扩展。

▲ 荒漠

53 沙尘暴

▲ 沙尘暴

沙尘暴，是指强风把地面大量沙尘物质吹起并卷入空中，使空气特别浑浊，水平能见度小于1千米的严重风沙天气现象。其中沙暴指大风把大量沙粒吹入近地层所形成的挟沙风暴；尘暴则是大风把大量尘埃及其他细粒物质卷入高空所形成的风暴。

沙尘暴天气多发生在内陆沙漠地区。产生沙尘暴有三个基本条件，一是地面上的沙尘物质，它是形成沙尘暴的物质基础；二是大风，它是沙尘暴形成的

动力基础，也是沙尘暴能够长距离输送的动力保证；三是不稳定的空气状态，它是形成沙尘暴的重要的局部热力条件，然而导致沙尘暴的元凶是大气环流。

沙尘天气分为浮尘、扬沙、沙尘暴和强沙尘暴四类，沙尘暴强度也划分为弱沙尘暴、中等强度沙尘暴、强沙尘暴和特强沙尘暴四个等级。不同强度的沙尘暴会对人类生态环境、生产生活、健康等造成不同程度的影响，为了避免这不利影响，应加强环境的保护，恢复植被，完善区域综合防护林体系，控制人口，并加强沙尘天气发生时的自我保护意识。

① 水平能见度

水平能见度是指视力正常者能对他所在的水平面上的黑色目标物加以识别的最大距离。气象上所定义的能见度只受大气透明度的影响，在交通运输和环境保护方面具有重要的意义。

② 风暴

风暴在环境领域泛指强烈天气系统过境时出现的天气过程，特指伴有强风或强降水的天气系统，例如龙卷风、台风、雷暴、热带气旋、热带风暴等。在生活中风暴一词也比喻规模大而气势猛烈的事件或现象。

③ 大气环流

大气环流一般指具有世界规模的、大范围的大气运行现象。大气环流形成的主要原因，一是太阳辐射，二是地球自转，三是地球表面海陆分布不均匀，四是大气内部南北之间热量、动量的相互交换。

54 冰川融化

全球气候变暖是一种自然现象，导致这一现象发生的原因，除了地球本身正处于温暖期，且地球公转轨迹发生变动外，人为因素则占主导地位。人们对森林的肆意砍伐，为获取能量对化石矿物的大量焚烧，致使焚烧时产生的二氧化碳等多种温室气体不能及时、充分地被净化，累积于大气当中，这些温室气体则是导致全球气候变暖的罪魁祸首。

在由全球气候逐渐变暖所引起的一系列影响当中，冰川的消融最为引人注意。世界各地冰川的面积和体积都有明显的减少，有些甚至

▲ 冰川

已经消失。1980年以来，世界冰川平均厚度减少了约11.5米，仅2006年一年，世界冰川的平均厚度就减少了1.5米，这样快的消融速度，加之消融带来的海平面上升、全球气候改变以及生态环境的破坏等问题，使这一现象不得不引起人们的重视。

不少气候专家认为，由于世界上数十亿的人口是以冰川融水为饮用水，并且依靠冰川水灌溉、发电的，所以冰川的过度消融会给人们带来淡水危机。联合国各成员国在2009年签订了继承《京都议定书》义务的减排国际框架条约，来应对全球气候变暖、冰川消融。

① 地球公转

地球公转就是由于太阳引力场以及地球自转的作用，按一定轨道围绕太阳转动的地球运动。地球在公转的过程中，所经过的路线上的每一点都是在同一平面上，而且构成一个封闭曲线，这一封闭曲线便是我们常说的地球轨道。地球公转一圈就是一年。

② 冰川水

冰川水是地表上长期存在并能自行运动的天然冰体。由于冰川水含同位素数量极低，所以其活性超强，能对生命生长和发育起到很重要的作用，但冰川水在世界范围内较为稀缺，且由于地理环境非常严峻，能够开采使用的少之又少。

② 京都议定书

《京都议定书》是1997年在日本京都召开的“气候框架公约”第三次缔约方大会上通过的国际性公约，为各国的二氧化碳排放量规定了标准，即在2008年至2012年间，全球主要工业国家的工业二氧化碳排放量比1990年的排放量平均要低5.2%。

55 水体富营养化

水体富营养化，在海洋中出现叫作赤潮，在湖泊河流中出现叫作水华，是指由于人类活动的影响，磷、氮等营养物质大量进入河口、湖泊、海湾等缓流水体，而引起藻类及其他浮游生物迅速繁殖，水质恶化，水体溶解氧量下降，鱼类及其他生物大量死亡的现象。

会导致富营养化的物质，通常是水系中含量有限的营养物质，例如，在海水系统中氮含量是有限的，于是含氮污染物的进入就会导致植物过度生长；对于正常的淡水系统来说，其中氮元素是不缺的，而磷含量却是有限的，因此增加磷酸盐就会消除这一限制因素，导致植物过度生长。水体中过量的磷、氮等营养物质主要来自未加处理或处理不完全的工业废水和生活污水、家畜家禽的粪便、农施化肥以及有机垃圾等，其中最大的来源就是农田上施用的化肥。

水体富营养化会破坏原有水体的生态平衡，而引起一系列生态问题，所以对这种现象的防治刻不容缓。首先要控制外源性营养物质的输入，减少内源性营养物质的负荷，然后配合一些工程性措施、化学方法、生物性措施等对富营养化的水体进行治理。

① 河口

河口即河流的终段，是河流和受水体的结合地段。受水体可能是海洋、河流、湖泊和水库等，因此河口可分为入海河口、入湖河口、

入库河口和支流河口等。

▲ 被红藻覆盖的河面

② 水华

水华就是淡水水体中藻类大量繁殖的一种自然生态现象。主要是由于生活和工农业生产中含有大量氮、磷的废污水进入水体后，藻类成为水体中的优势种群，大量繁殖后使水体呈现蓝色或绿色的一种现象。

③ 赤潮

赤潮被喻为“红色幽灵”，是在特定的环境条件下，海水中某些浮游植物、原生动物或细菌爆发性增殖或高度聚集而引起水体变色的一种有害生态现象。

56 水土流失

▲ 黄土高原

水土流失是指在水力、重力、风力等外营力作用下，水土资源和土地生产力破坏和损失的现象，是不利的自然因素和人类不合理的经济活动所造成的地面上水和土离开原来的位置，流失到较低的地方，再经过坡面、沟壑，汇集到江河河道内去的现象，包括土地表层侵蚀和水土损失，故水土流失又称水土损失。

水土流失对当地和河流下游的生态环境、生产、生活和经济发展都造成了极大的危害。它降低土壤肥力，破坏地面完整，造成土地硬石化，阻碍了经济和社会的可持续发展。导致水土流失的原因有自然

原因和人为原因。气候、组成土壤的物质、植被等都是影响一方水土的自然因素；而不合理的生产建设活动，如草原过度放牧、开矿、陡坡开荒、采石等，则是造成水土流失的主要人为因素。

治理与预防水土流失，制定相关法规，保护易流失区环境，纠正不合理的经济活动是关键。同时配合一系列治理措施，如压缩农业用地，扩大林草种植面积，改善天然草场的植被，复垦回填等。应用阴离子聚丙烯酰胺防治水土流失，已成为国际普遍采用的化学处理措施。

① 地质营力

地质营力是指引起地质作用的自然力。地质作用可分为物理作用、化学作用和生物作用。它们既发生于地表，也发生于地球内部。作用于地球的自然力是地球的物质组成、内部结构和地表形态发生变化的作用。

② 土地生产力

土地生产力是指作为劳动对象的土地与劳动和劳动工具在不同结合方式和方法下所形成的生产能力和生产效果，它是鉴别土地质量的重要依据。

③ 河道

河道是河水流经的路线，通常指能通航的水路。河道可划分为五个等级，一、二级河道大多是跨越并影响两省或数省的大江大河的河道，由水利部认定；三级河道大部分是影响一省或邻近省份的江河的河道，由水利部委托的地区水利厅协商并报水利部认定；四、五级河道则由各省水利厅认定。

57 人口问题

世界人口的迅猛增长，特别是一些经济不发达的国家人口过度增长，这一现象已影响了国家的经济发展、社会安定、人民生活水平的提高，甚至造成严重的环境问题，于是，这一现象已不可被忽略。

科学家认为，在农业出现以前，在以狩猎为生的方式下，全世界的人口只有500万~1000万。到了1世纪，根据当时罗马、中国和地中海地区的人口普查，世界人口已增长至3亿。在1900年，全世界只有16亿人，而如今世界人口已达70亿。这样庞大的数字，这样快的增长速度，已导致我们所生活的地球不堪重负，环境问题日益突出，可利用资源急速减少，国家经济、社会发展缓慢，国际冲突频发。

中国是人口大国，人口数量居世界第一位，过大的人口基数所导致的问题主要有：生态环境问题，表现在生态破坏、环境污染严重；劳动就业问题，表现在劳动力与生产资料比例关系失调，经济发展缓慢或停滞，人口失业或待业等方面，且威胁整个社会结构的稳定；人口老龄化问题，给社会、政治、经济带来一系列影响和问题，给社会发展带来很多压力。

① 人口成本

人口成本包括关于养老、社会保障、环境污染等社会支出，实际上，它涵盖了绝大部分的社会支出。这些社会支出的共同特点是：它

们都是围绕着人口而发生的，并且随着人口的增加而增加，也与生活水平有关。

②老龄化

国际上通常把60岁以上的人口占总人口比例达到10%，或65岁以上人口占总人口的比例达到7%作为国家或地区进入老龄化社会的标准。老龄化有两个含义：一是指老年人口相对增多，在总人口中所占比例不断上升的过程；二是指社会人口结构呈现老年状态，进入老龄化社会。

③性别比例失调

性别比例失调是中国人口的又一大问题。2011年第六次人口普查显示，男性占总人口数的51.27%，女性占总人数的48.73%，男性明显多于女性。

▲ 拥挤的人群

58 洪涝灾害

洪是指大雨、暴雨引起水道急流、山洪暴发、河水泛滥淹没农田、毁坏环境与各种设施等原生环境问题；涝指水过多或过于集中，或返浆水过多造成的积水成灾。总体来说，洪和涝都是水灾的一种。

首先，易产生洪涝灾害的地区，多为降水量大或降水量时空分配差异较大，且常有短历时高强度降水。其次，流域中土壤透水性差，垂直下渗弱且蓄水量大的地区也易造成洪涝灾害。再者，未经充分考察、评估所建的不达标的水利工程，同样是造成洪涝灾害发生的因素之一。中国是洪水灾害频发的国家，历史上发生过许多严重的水灾，

▲ 洪灾

从公元前206年至公元1949年的2155年间，大水灾就发生了1029次，几乎每两年就有一次，新中国成立后，全国性的大水灾也多有发生，1998年的一场几乎席卷了大半个中国的大水灾导致直接经济损失达1666亿元。

对于危害如此强大的洪涝灾害，应采取适当的水土保持措施、水利工程措施并加强水利工程管理，力求达到治理的效果。而对于灾后地区应加强饮用水、食品、环境卫生的管理，控制传染病的传播并积极开展健康教育。

①返浆期

由于冬季寒冷，在冷凝和扩散的作用下，土体中的水分不断向上层移动，并在耕层聚集冻结的现象称作土壤返浆，它是北方地区特有的自然现象。春季初期，气温开始回升，冻土层从上部和下部向中间融化，在土体没有化透之前，上层中冻结的冰屑融化后不能下渗，从而形成返浆水的时期叫返浆期。

②土壤透水性

土壤透水性是指土壤允许水通过本身的能力。透水性的强弱取决于土壤中空隙的大小，透水性的强弱以渗透系数来表示。改善土壤的透水性可以松土、中耕，加有机肥或者加适量的沙子。

③水土保持

水土保持是指对自然因素和人为活动造成的水土流失所采取的预防和治理措施。水土保持是具有科学性、地域性、综合性和群众性的一项综合性很强的系统工程。其主要措施是工程措施、生物措施和蓄水保土耕作措施。

59 人与环境

环境是人类赖以生存的条件，也是人类发展的基础，它包括自然环境和社会环境。随着人类社会的飞速发展，人与环境的关系已成为人们必须重视的课题。

人类的命运一直都是与环境息息相关的。为了生存与活动，人类从环境中获取营养物质与能量，占用环境的空间，同时还向环境中排放代谢和活动的产物，人类无法离开环境而独立生存。然而，环境也不是默默承受人类所施加的一切，它会将所受到的影响，反过来作用于人类本身，这便是环境对人类的反馈作用。人类的主观需求和有目的的活动，与环境的客观属性和发展规律之间，不可避免地存在着矛盾，而人类却又是以环境为载体，总是生活在环境空间中的。总而言之，人类与环境是既对立又统一的。

想要协调人类与环境的关系，就要加强人们的环境意识，提高思想认识水平，普及有关环境科学和环境保护的基本知识和技能，并控制人口的增长，提高人口素质，治理环境污染，美化环境，从而促进社会主义精神文明的建设。

① 代谢

代谢是生物体内所发生的用于维持生命的一系列有序的化学反

应的总称。代谢通常被分为两类：分解代谢和合成代谢。这些反应进程使得生物体能够生长和繁殖、保持它们的结构及对外界环境做出反应。一旦生物体的代谢停止，生物体的结构和系统就会解体。

▲ 园艺工人剪草

② 社会环境

社会环境是指人类生存及活动范围内的社会物质、精神条件的总和。它是人类在自然环境的基础上，通过长期有意识的社会劳动所创造的人工环境。社会环境总是离不开自然环境，且社会环境是人们按照需要而创造的，因此它具有显著的主观性。

③ 客观

客观与主观相对，是指人们看事物的一种态度，不以特定人的角度去看待事物，也就是事物本身的属性，不以人的意志而转移。另外，客观也指事物的本来存在状态，指事物的一种自然属性和社会属性存在。

60 可持续发展战略

可持续发展是一种注重长远发展的经济增长模式，指既满足当代人的需求，又不损害后代人满足其需求的能力，是科学发展观的基本要求之一。可持续发展的概念最先是于1972年在斯德哥尔摩举行的联合国人类环境研讨会上正式讨论，1997年的中共十五大把可持续发展战略确定为中国“现代化建设中必须实施”的战略。

可持续发展的基本原则为公平性原则、可持续性原则、和谐性原则、需求性原则、高效性原则以及阶跃性原则，主要包括社会可持续发展、生态可持续发展和经济可持续发展，它们是一个密不可分的系

▲ 可再生能源风能发电

统，既要达到发展经济的目的，又要保护好人类赖以生存的大气、淡水、海洋、土地和森林等自然资源和环境，使子孙后代能够永续发展和安居乐业。

可持续发展的核心是发展，但要求在严格控制人口、提高人口素质和保护环境、资源永续利用的前提下进行经济和社会的发展。发展是可持续发展的前提；人是可持续发展的中心体；环境保护是可持续发展的重要方面，可持续长久的发展才是真正的发展。

① 科学发展观

科学发展观，是胡锦涛同志在2003年的讲话中提出的“坚持以人为本，树立全面、协调、可持续的发展观，促进经济社会和人的全面发展”，按照“统筹城乡发展、统筹区域发展、统筹经济社会发展、统筹人与自然和谐发展、统筹国内发展和对外开放”的要求推进各项事业的改革和发展的一种方法论。

② 和谐发展

和谐发展就是根据社会——生态系统的特性和演替动力，遵照自然法则和社会发展规律，利用现代科学技术和系统自身控制规律，合理分配资源，积极协调社会关系和生态关系，实现生物圈稳定和繁荣。

③ 环境保护

环境保护是指人类为解决潜在或现实的环境问题，协调人与环境的关系，保障经济社会的持续发展而采取的各种行动的总称。包括对自然环境的保护、对地球生物的保护和对人类生活环境的保护等。环境保护最根本的手段是加强对环保意识的宣传教育。